KB267334

'말의 힘'으로 키우는 대화 육아

말은 말할 것도 없이 인류가 사용한
가장 효력 있는 약이다.

— **조지프 키플링**(영국의 작가)

'말의 힘'으로 키우는 대화 육아

오수향 지음

KOREA.COM

지혜로운 부모의 말이
아이를 바꾸고 미래를 만든다

말에 힘(에너지)이 있다고 하면 믿겠는가? 선뜻 받아들이기 힘든 사람도 있을 것이다. 그런 사람을 위해 흥미로운 실험을 소개한다. 몇 년 전 MBC에서 방영한 〈말의 힘〉 실험 다큐의 내용이다.

두 개의 병에 흰 쌀밥을 넣은 후, A병에는 '고맙습니다'라고 쓴 후 매일 그렇게 말하고, B병에는 '짜증 나'라고 쓰고 매일 그렇게 말했다. 그로부터 4주 후 놀라운 결과가 나타났다. "고맙습니다"라고 말한 A병의 쌀밥에는 뽀얀 누룩이 생겼고, "짜증 나"라고 말한 B병의 쌀밥은 썩어서 검은 곰팡이가 생긴 것이다. A병 안에 든 쌀밥은 식재료로 사용할 수 있었지만, B병 안에 든 쌀밥은 버려야 했다.

실험에서 보여 주듯, 말에는 힘이 있다는 사실을 부정할 수 없다. 무생물인 쌀밥에 영향을 미친 말의 힘은 사람에게 적용될 때 더욱 큰 힘을 발휘한다.

미국 뇌과학자들의 연구 결과, 인간 뇌세포 230억 개 중 98퍼센트가 말의 영향을 받는 것으로 밝혀졌다. 평소 어떤 말에 많이 노출되느냐에 따라 한 사람의 인생이 결정되는 것이다. 긍정적인 말을 많이 들은 사람은 인생이 긍정적으로 펼쳐지지만, 부정적인 말을 많이 들은 사람은 인생이 부정적으로 펼쳐진다.

특히 부모의 말은 아이에게 절대적인 영향력을 발휘한다. 아이는 마치 부모의 말에 따라 형태가 빚어지는 조각상과 같다. 부모의 말에 따라, 아이의 잠재력과 인성, 성격이 변하기 때문이다. 아이에게 건네는 부모의 현명한 말 한마디로 아이를 긍정적인 방향으로 키울 수 있다.

그래서 얼마 전 미국의 한 여성지에서 발표한 '자녀를 둔 어머니들이 조심해야 할 다섯 가지 말'이 큰 울림으로 다가온다. 여기에서 소개한 말은 이렇다. "내가 왜 널 낳았는지 모르겠어", "너는 왜 다른 아이들처럼 못하니?", "네가 도대체 몇 살이니?", "이 바보야", "시끄러워. 제발 엄마를 괴롭히지 마." 이런 말들이 아이의 성격, 인성은 물론 잠재력을 부정적인 방향으로 이끌기 때문에 절대 아이에게 해서는 안 될 말이라는 것이다. 부모의 말이 아이에게 미치는 대단한 영향력은 세계 모든 부모와 아이에게 동일하다.

말이 씨가 된다.   **- 우리나라 속담**

말은 말할 것도 없이 인류가 사용한 가장 효력 있는 약이다.
                                        - 조지프 키플링(영국의 작가)

고기는 낚시 바늘로써 잡고, 사람은 말로써 잡는다.   **- 독일 속담**

위의 세 가지만 봐도 말로 미래를 결정지을 수 있고, 말로 병을 치료할 수 있으며, 말로 사람을 설득하고 감화하고 변화시킬 수 있음을 알 수 있다.

이를 0~7세의 아이 교육에 적용해 보자.

'말이 씨가 된다'라는 속담은 부모가 평소 하는 말이나 아이와 주고받는 말이 아이의 잠재력과 재능을 결정지을 수 있으며 더 나아가 아이의 미래를 결정지을 수 있다는 뜻이다.

'말은 말할 것도 없이 인류가 사용한 가장 효력 있는 약이다'라는 말은 부모의 말로 아이의 몸과 마음의 병을 치유할 수 있다는 뜻이다.

‘고기는 낚시 바늘로써 잡고, 사람은 말로써 잡는다’라는 말은, 부모의 말이 아이 교육에 중요한 역할을 할 수 있다는 뜻이다. 말로써 아이의 잠재력, 성격, 인성의 변화를 꾀할 수 있다.

이렇듯 말의 힘은 참으로 대단하다. 0~7세 사이의 아이 교육에서 무엇보다 중요한 것이 부모가 하는 말이다. 부모들은 아이의 교육을 위해서라면 무엇에든 아낌없이 투자한다. 학습법, 독서법, 리더십 교육, 습관 교육, 창의성 교육 등 아이에게 좋다는 것에 시간과 돈을 아끼지 않는다. 사실 아이 교육에 최고로 좋은 것은 다른 데 있지 않다. ‘쌀밥 실험’과 예를 든 속담과 명언에서 보듯, 부모의 말이 아이 교육에 최고의 효과를 발휘한다. 부모가 아이에게 어떤 말을 하느냐에 따라 아이의 미래가 결정 난다.

부모의 말로써 아이의 변화를 이끌어 낼 수 있는 대표적인 영역은 아이의 학습 능력이다. 부모에게 늘 긍정적인 말을 듣는 아이는 학습 능력이 발달하여 높은 학습 성과를 기대할 수 있다. 부모의 말이

가져오는 효과는 이뿐만이 아니다. 아이의 학습 능력은 물론 감성지수, 창의성과 예술성, 경제관념과 독립심, 도덕성과 리더십을 높은 수준으로 끌어올릴 수 있다. 단지 부모가 아이에게 건네는 말을 통해서 말이다.

과연 이것이 어떻게 해서 가능한지 궁금할 것이다. 그렇다면 주저하지 말고 이 책을 읽기를 권한다. 이 책은 부모의 말로 아이의 잠재력, 인성을 향상시키는 데 초점을 두었다. 한 페이지 한 페이지마다 이론적 근거를 바탕으로 부모의 말로 아이의 잠재력과 인성을 변화시킬 수 있음을 밝혔다. 또한 구체적으로 부모가 어떤 말을 어떻게 해야 하는지에 대한 노하우를 소개했다. 이 책은 다섯 장으로 구성되어 있는데, 간략히 살펴보면 다음과 같다.

1장 〈똑똑하고 공부 잘하는 아이로 키우는 '말의 힘'〉에서는 부모의 말로 아이의 IQ와 학습 능력을 올리는 노하우를 소개한다. 언어 능력이 좋은 아이가 사고력, 이해력, 추론력이 높기 때문에 공부 잘

하는 아이로 성장한다. 특히 아빠가 아이와 자주 시간을 보내면서 대화를 하면 아이의 IQ가 높아진다는 연구 결과가 있다. '아빠효과(Father Effect)' 때문이다. 또한 아이의 지적 능력을 높이는 독서를 할 때도 부모의 말은 아이에게 큰 영향을 끼친다.

2장 〈자존감과 공감력 높은 아이로 키우는 '말의 힘'〉에서는 부모의 말로 아이의 감성지수(EQ)를 높이는 노하우를 소개한다. 미국의 교육학자 다니엘 골먼은 "지능지수를 말하는 IQ가 출세와 성공의 20퍼센트를 보장한다면 EQ는 나머지 80퍼센트를 보장한다"고 말했다. 감성지수가 높은 아이가 자존감과 공감력도 높다.

3장 〈창조적이고 예술적인 아이로 키우는 '말의 힘'〉에서는 부모의 말로 아이의 창의성과 예술성을 높이는 노하우를 소개한다. 미래 사회에는 스티브 잡스의 창의성, 피아니스트 조성진과 파블로 피카소의 예술성, 김연아의 신체운동지능(bodily-kinesthetic intelligence)이 중요한 재능으로 떠오른다. 공부와는 다른 영역에서 아이의 재능을 발견했다면 적극 발굴하고 키워 주어야 한다.

4장 〈경제 관념과 독립심 높은 아이로 키우는 '말의 힘'〉에서는 부모의 말로 아이의 금융지수(FQ)와 독립심을 높이는 노하우를 소개한다. 영국의 공공정책연구소 조사에 따르면, 경제 교육을 잘 받은 아이는 그렇지 않은 아이에 비해 35세가 되었을 때 평균 3만 2천 파운드(5,700만 원)의 자산의 차이가 생긴다고 한다. 합리적인 소비 생활과 올바른 경제 관념은 어릴 때부터 바로잡아 주는 것이 중요하다.

5장 〈도덕성과 리더십 높은 아이로 키우는 '말의 힘'〉에서는 부모의 말로 아이의 도덕지수(MQ)와 리더십을 높이는 노하우를 소개한다. 하버드 의대 정신의학과 교수 로버트 콜스는 그의 책《도덕지능 MQ》에서 지능지수 IQ와 감성지수 EQ보다 더 중요한 도덕지수 MQ를 주장했다. 도덕성이 높은 아이일수록 다른 사람과 잘 지내고 친절하며 올바르게 처신하여 후일 사회적으로도 성공하고 행복한 인생을 살 수 있기 때문이다.

아무쪼록 이 한 권의 책이 0~7세 사이의 아이 교육에 자그만 도움을 주는 등불이 되길 바란다. 처음 아이를 키우며 갈팡질팡 어둠 속을 헤매는 부모들이 이 책을 통해 목표 지점을 향해 똑바로 나아갈 수 있기를 바란다. 아이를 사랑하고 아이의 미래를 걱정하는 세상의 모든 부모에게 이 책을 바친다.

– 양육 커뮤니케이션 전문가, 오수향

CONTENTS

Chapter 4
경제 관념과 독립심 높은 아이로 키우는 '말의 힘'

Chapter 5
도덕성과 리더십 높은아이로 키우는 '말의 힘'

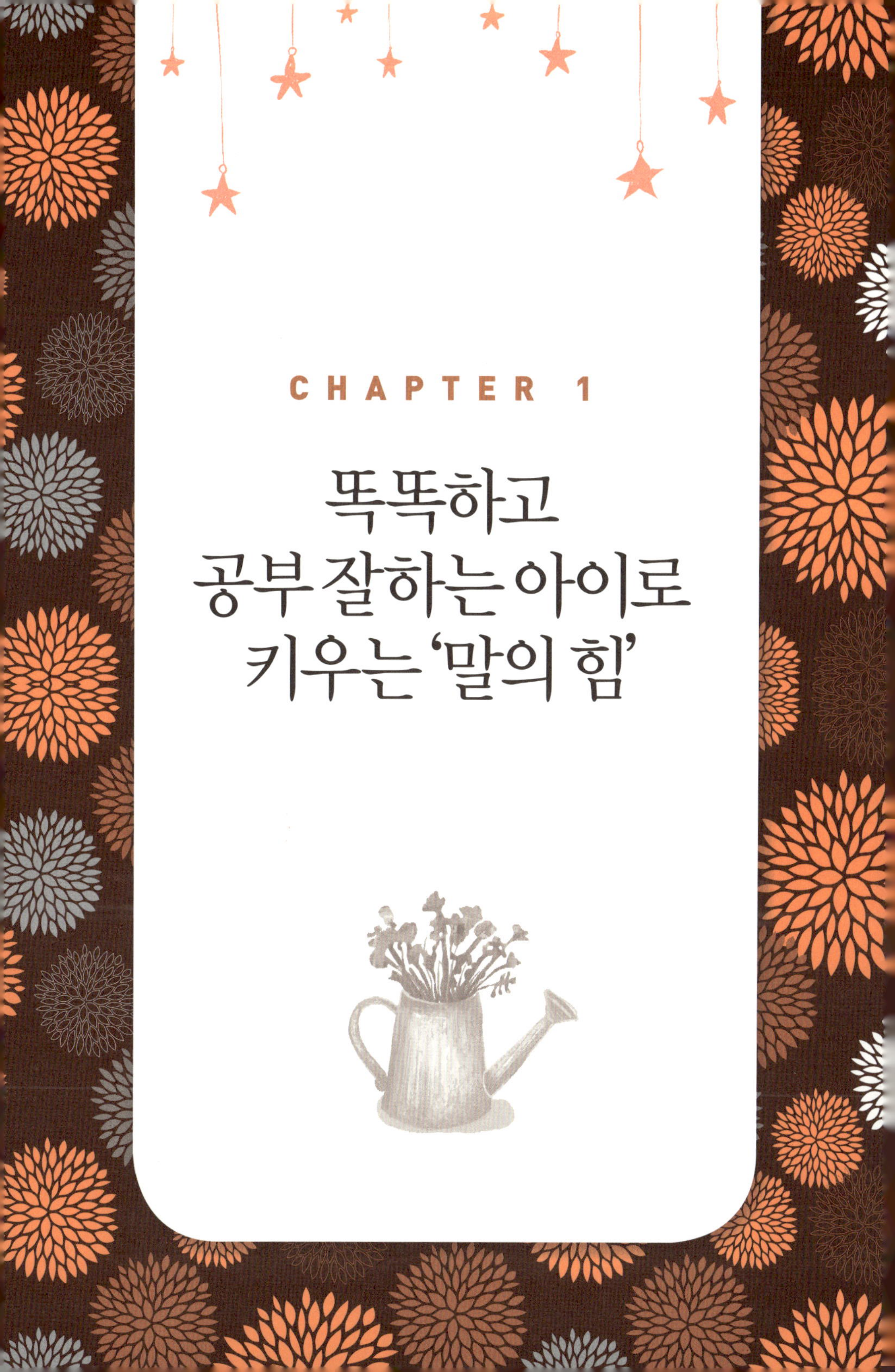

똑똑하고 공부 잘하는 아이로 키우는 '말의 힘'

아이와 대화할 때는
수다쟁이가 되라

"아이가 말을 잘 못해서 고민입니다."

5세 남자아이를 키우는 엄마가 상담을 요청했다. 그 엄마는 유명 광고회사 팀장으로 일하고 있는 엘리트였다. 그 엄마가 한숨을 내쉬며 말했다.

"전 네 살 때 한글을 떼고 말도 막힘없이 했거든요. 우리 아이에게 다른 문제가 있는 건 아닌데 대체 왜 그럴까요?"

자주 접하는 아이의 유형이었다. 아이가 또래에 비해 말을 잘하지 못하는 것은 분명 문제인데, 그 원인이 부모에게 있는 경우도 많다. 대부분의 경우는 다소 느리더라도 나중에 정상적으로 말을 잘하는 아이로 자란다. 그렇다고 해서 방심하는 것은 금물이다. 말을 정상적으로 잘하지 못하는 아이를 단지 '과묵한 아이'로만 볼 수 없는 이유가 있다.

"혹시 아이가 또래에 비해 학습 능력이 떨어지지 않습니까?"

그 엄마가 맞장구를 쳤다.

"어떻게 아셨어요? 실은 그래서 정말 고민이에요. 유심히 지켜보니까 생각하는 수준이 3~4세 정도더라고요. 5세 수준의 책은 너무 어려워해요. 게다가 제 말을 잘 알아듣지 못할 때도 종종 있어요."

말을 잘 못하는 아이의 진짜 문제는 사고력이 떨어진다는 데 있다. 그대로 방치하면 학습 장애를 겪을 수 있고, 다른 영역의 발달 단계에도 영향을 미칠 수 있다.

자세히 상담을 해 보니, 그 엄마는 워커홀릭으로 집에서 아이와 함께 보내는 시간이 매우 적었고, 자연스레 아이 교육에 신경을 많이 쓰지 못했다. 금융회사에 다니는 남편도 야근을 밥 먹듯이 했다. 그래서 아이를 육아 도우미에게 맡기다시피 해서 키웠다. 자연히 아이는 TV와 게임기에 빠져 지냈다. 퇴근 후에도 엄마는 아이와 대화 시간을 많이 갖지 않았을 뿐만 아니라 아이 수준에 맞게 자상하게 말하는 것을 번번이 놓쳤다. 그 때문에 아이는 언어 발달이 제대로 이루어지지 못했고, 사고력 또한 현저히 떨어질 수밖에 없었다. 언어 능력과 사고력은 떼려야 뗄 수 없는 관계를 맺고 있다는 것을 간과해서는 안 된다.

《언어 발달의 수수께끼》에서 이유미 교수는 다음과 같이 말했다.

학습은 언어를 통해서 이루어집니다. 언어를 통해 많은 지식을 습득하게 되고, 이렇게 축적된 지식은 다음 학습에 연쇄적으로 영향을 미치지요. 언어는 학습의 가장 기본적인 배경지식입니다.

따라서 아이를 키우는 부모는 아이의 언어능력을 높이는 데 각별히 신경을 써야 한다. 아이의 언어 발달에 영향을 미치는 요인으로는 개인적 요인과 환경적 요인이 있다. 이 중에 특히 부모가 관심을 가져야 할 것은 환경적 요인이다. 아이를 키우는 가정의 환경을 어떻게 만드느냐에 따라 아이의 언어 발달이 결정되기 때문이다. 부모는 아이의 언어능력을 우수하게 키워 줄 좋은 환경을 만들어 주어야 한다.

다음은 아이의 언어 발달에 영향을 주는 요인이다, 잘 체크하여 자녀의 언어능력을 높일 수 있도록 하자.

부모와 대화를 많이 한 아이가 말하는 데 적극적이다.

칭찬과 격려를 많이 받은 아이가 말을 일찍 한다.

건강한 아이가 말을 더 빨리 배운다.

지능이 높은 아이가 말을 더 빨리 한다.

권위적인 교육은 말을 배우는 데 지장을 초래한다.

가족이 많을수록 아이가 말을 잘한다.

아이의 언어능력 발달에 거창한 것이 요구되지는 않는다. 흔히 말 잘하는 부모 밑에서 자란 아이가 말을 잘하는 것을 볼 수 있다. 이처럼 아이의 언어능력은 절대적으로 부모의 영향을 받기 때문에, 일상생활에서 부모가 아이를 배려하는 대화 습관을 가져야 한다. 부모의 작은 노력으로 아이는 말을 잘하고 사고력이 뛰어난 아이로 성장할 수 있다.

말 잘하는 아이, 곧 사고력이 높은 아이로 키우기 위해서는 부모가 아이와 자주 대화하고 수다쟁이가 되어야 한다. 이때 부모는 예전과 다른 모습으로 변할 각오를 해야 한다. 평소 과묵한 성격의 부모라도 아이와 대화할 때는 수다쟁이로 변해야 한다. 그래야 아이는 풍부한 언어 사용에 노출되어 자연스레 언어능력을 키워 나갈 수 있다.

《생각의 힘을 깨워라》의 저자 이토야마 타이조는 특히 수다쟁이로서 엄마의 역할을 강조한다. 여성이 남성에 비해 수다쟁이가 많은 것은 어른들끼리 수다를 떨기 위해서가 아니라, 엄마가 아이에게 말을 많이 해 주도록 하기 위한 인류의 지혜로 유전되어 왔다고 한다. 즉, 여성의 언어능력이 뛰어난 것은 아이를 말 잘하는 똑똑한 아이로 키우기 위해서라는 것이다.

신촌 세브란스 소아정신과 전문의 신의진은 말한다.

아이가 말이 많아지는 것에 발맞춰서 부모님도 수다쟁이가 되어야 합니다. 아이는 스스로 이야기를 할 수 있기 훨씬 이전부터 다른 사람의 말을 이해할 수 있는 능력을 갖추게 됩니다. 아이의 한마디는 어른의 완전한 문장과 같은 것이며 어른이 상황에 맞게 잘 설명해 주면 아기는 그것을 기억하고 있다가 적절한 시기와 상황에 맞게 활용할 수 있습니다.

🖌 일상생활의 모든 것을 소재로 다양한 표현을 들려주자

"당근이랑 브로콜리도 잘 먹어서 이젠 키가 쑥쑥 자라겠네."
"노란 공이 통통 튀면서 굴러가네."
"쓱싹쓱싹 양치질을 해 볼까?"
"오늘은 바람이 쌩쌩 불어서 추운 날이야. 모자와 목도리로 꽁꽁 싸매고 나갈까?"

토막 시간을 활용한 말놀이

김치 - 치약 - 약국 - 국자 - 자전거 - 거인 - 인형 - 형제

끝말잇기 놀이다. 누구나 어린 시절에 심심풀이로 이 놀이를 친구와 해 본 경험을 가지고 있을 것이다. 끝말잇기 놀이를 하면 친구와 재미있는 시간을 보낼 수 있을 뿐 아니라, 그 과정에서 끝말이 이어지는 단어를 생각해 내기 위해 두뇌를 회전시키며 머릿속에 온갖 단어들을 떠올린다. 이렇게 유익한 끝말잇기 놀이를 우리 아이와 함께 하면 어떨까?

"아이와 대화 시간을 많이 가지세요."

"아이의 사고력을 위해 어휘를 늘려 주세요."

부모들에게 이렇게 이야기하면, 막상 어떻게 해야 할지 몰라 난처해하는 경우가 많다.

"아이와 대화를 하려고 해도 특별히 나눌 이야기가 없어요. 어떻게 어휘를 늘릴 수 있죠?"

이런 부모들에게 끝말잇기는 매우 유용한 수단이다. 이것은 놀이이기 때문에 아이가 흥미를 가지고 할 수 있고, 부모 입장에서는 이 놀이를 통해 아이와 시간을 잘 보낼 수 있다. 이렇게 유익한 말놀이로는 끝말잇기 외에도 단어 연결시키기, 이야기 연결시키기, 스무고개가 있다.

🔍 어휘력이 발달하는 끝말잇기

끝말잇기는 게임의 룰을 이해할 수 있는 수준이라면 어느 연령대에서나 가능하며 가급적 빠를수록 좋다. 만약 아이가 어리다면 같은 단어를 두 번 말하면 안 된다는 규칙을 두지 말자. 끊어지지 않고 계속 이어 가는 것이 중요하기 때문이다. 5세 이후의 아이는 언어능력이 급성장하니, 특별히 이 시기에 끝말잇기를 신경 써서 자주 할 필요가 있다. 이때는 같은 단어를 두 번 말하지 못하는 규칙을 엄격히 지키게 하자.

끝말잇기는 끝말이 이어지는 단어를 계속 찾아내야 되기 때문에 어휘력을 기를 수 있는 좋은 놀이다. 이와 더불어 이 놀이를 하면 두뇌가 활발히 움직이기 때문에 당연히 아이의 두뇌 회전력 곧 사고

능력이 높아질 수 있다.

이처럼 어휘력과 사고력을 키워 주는 데 효과 만점인 끝말잇기 놀이는 언제 어디서나 쉽게 할 수 있다는 장점이 있다. 엄마가 주방에서 음식을 만들면서 아이와 할 수 있고, 또 아이를 유치원에 데려다주면서 할 수 있고, 가족 나들이를 가서도 할 수 있다.

🎾 상상력을 키우는 단어 연결시키기

부모가 "유치원" 하면 아이가 "선생님", "해" 하면 "뜨거워", "바다" 하면 "파랗다" 식으로 연관되는 단어로 답을 말하면 된다. 정해진 답이 없지만 아이는 상상력을 총동원해 단어를 끄집어낸다. 단어 연결시키기 놀이를 하다 보면, 아이는 아이다운 생각으로 천진난만한 대답을 하는 경우가 있는데, 다소 엉뚱하더라도 이를 제지하지 말고 자유롭게 말할 수 있도록 하면 어휘력뿐 아니라 상상력을 키우는 데도 도움이 된다.

🎾 사고력을 키우는 이야기 연결시키기

단어 연결시키기에서 난이도를 높여 이야기 연결시키기를 할 수 있다. 부모가 "비가 왔어요" 하면 아이가 "우산을 써요", "훌라후프를 들었어요" 하면 "허리에 돌리면서 운동해요", "멧돼지가 주택가로 내려왔어요" 하면 "사람들이 놀라서 도망갔어요" 하는 식으로 어울리는 문장을 말하게 할 수 있다.

움직입니까?

먹을 수 있습니까?

고기로 만듭니까?

야채로 만듭니까?

집에서 자주 먹습니까?

고춧가루가 들어갔습니까?

아이의 어휘 능력에 따라서 스무고개 놀이를 할 수도 있다. 스무고개를 할 때, 아이가 질문을 하고 부모가 답한다면 아이가 관심 있어 하고 쉽게 알아낼 수 있는 음식이나 물건을 선정하는 것이 좋다. 또한 부모가 물어보고 아이가 답할 때는 아이의 시각에 맞추어 이해할 수 있는 말로 물어보자. "생물입니까?"보다는 "살아서 움직입니까?"로, "운동용품입니까?"보다는 "가지고 노는 것입니까?"로 하는 것이 좋다.

스무고개는 묻는 사람이나 답하는 사람 모두에게 상당한 사고력이 요구된다. 특히 문제를 내는 아이가 사고력이 부족하면 '예', '아니오' 대답을 틀리게 할 수도 있다. 가령 아이가 마음속으로 자전거를 생각한다고 하고, 아빠가 물어서 맞춘다고 하자. "스스로 움직입니까?"라는 아빠의 물음에 아이가 "예"라고 대답했는데, 다음에 아빠

가 "바퀴가 있습니까?"라고 묻자 아이가 "예"라고 답한다면 이는 잘
못된 것이다. 아이는 자전거가 혼자 움직인다고 잘못 생각했기 때문
이다. 따라서 아이의 대답을 통해 아이가 잘못 생각하고 있는 부분
을 바로잡아 줄 수 있는 좋은 기회이기도 한다.

스무고개는 물건, 생물, 음식 등을 종류에 따라 분류하는 능력을
갖추어야 가능한 말놀이다. 낙타, 강아지, 고양이, 사람이 동물이고
개미, 잠자리, 귀뚜라미가 곤충이며 야구, 축구, 배구가 운동(스포츠)
임을 잘 분류할 수 있어야 한다. 이렇게 분류하는 능력을 갖추게 되
면 논리력도 높아진다. 이와 함께 어휘력이 풍부해지는 것은 물론
"뭐지?"하고 물고 늘어지기 때문에 추론 능력이 향상된다.

추론 능력은 기존의 지식을 바탕으로 새로운 것을 유추하는 능력
이다. 추론 능력은 특히 단순 암기에서 탈피해 추론적 사고를 요구
하는 최근의 교육 흐름에서 매우 중요한 능력이다. 따라서 추론 능
력이 떨어지는 아이는 중학교로 진학하면서 현저히 성적이 떨어질
수밖에 없다.

《최상위권 1%의 비밀 추론력》의 저자 김강일, 김명옥은 말한다.

추론 능력이 떨어지는 아이들은 하나를 가르치면 그 하나만 알
기 때문에 학습 속도 면에서 현격한 차이가 난다. 따라서 자녀
가 최상위권에 들기를 바란다면 반드시 추론 능력을 키워 줘야
한다. 초등학교 공부를 잘했는데 중학교에 가서 성적이 뚝 떨어

지는 아이들이 있다. 수업 시간에 딴짓을 하는 것도 아니고 나름
대로 예습 복습을 하는데도 말이다. 이런 경우, 추론 능력을 점
검해 보고 추론 능력을 키우기 위한 학습 전략을 새로 짤 필요가
있다.

사고력을 키우는 질문

세계적으로 유대인은 매우 똑똑하다고 알려졌다. 유대인은 전 세계 인구의 0.2퍼센트에 불과하지만 무려 노벨상 수상자의 23퍼센트나 차지하고 있으며, 아이비리그 입학생의 30퍼센트를 차지한다. 이 때문에 세계를 움직이는 리더 가운데 유대인들이 많다.

발명가 에디슨, 물리학자 아인슈타인, 정신분석학의 창시자 프로이트, 음악의 거장 멘델스존, 클래식의 창시자 조지 거슈윈, 정치 사상가 카를 마르크스, 정치인 헨리 키신저, 금융인 조지 소로스, 투자가 워런 버핏, 미래학자 앨빈 토플러, 구글 창업자 세르게이 브린, 마이크로소프트 전 CEO 스티브 발머, 영화감독 스티븐 스필버그, 스

타벅스 창업자 하워드 슐츠

간략히 추려 봐도 이 정도다. 괜히 세계를 움직이는 것은 미국이고 미국을 움직이는 것은 유대인이라는 말이 나온 것이 아니다. 그렇다면 어떤 이유로 유대인이 이렇게 우수한 걸까? 많은 이유가 있겠지만 그중 하나는 유대인의 자녀 교육법에 있다. 이는 한국 부모와 아이, 유대인 부모와 아이의 대화를 비교하면 확실하게 알 수 있다.

한국 부모

부모: 오늘도 편식을 했네. 그럼 못쓴다고 말했지. 건강하려면 골고루 먹어야 해.

아이: ….

유대인 부모

부모: 왜 편식을 했지?

아이: 고기만 먹고 싶어서요.

부모: 고기만 먹으면 건강할 수 있을까?

아이: 그렇지 않아요. 영양 성분을 골고루 섭취해야 건강해져요.

부모: 건강하면 좋은 점이 뭘까?

아이: 건강해야 공부도 잘할 수 있고 마음껏 뛰어 놀 수 있어요.

부모: 그렇다면 편식 습관을 어떻게 하면 좋을까?

아이: 고쳐야 해요.

예를 보듯, 한국 부모는 일방적으로 결론을 아이에게 주입하지만, 유대인 부모는 아이에게 질문을 던져서 아이 스스로 결론을 찾게 한다. 유대인 가운데 성공한 인물이 많이 나오는 이유를 하브루타 교육에서 찾기도 한다. 하브루타 교육은 두 명이 짝을 지어 질문하고 대화하며 토론하는 과정에서 답을 찾는다.

이 과정에서 자주 나오는 말이 "네 생각은 뭐니?"다.

이렇게 질문을 계속해서 던지면 아이는 스스로 생각하는 힘을 키울 수 있다. 실제로 질문을 던지는 토론식 교육의 효과는 정말 대단하다. 한 연구에 따르면, 3개월간 하브루타 방식으로 과학 수업을 진행하자 일반 수업보다 학습 능력이 높아진 것으로 나타났다. 일반 수업을 진행한 교실은 79.2에서 76.9로 점수가 낮아졌지만, 하브루타 교육을 한 교실은 77.1에서 103.1로 좋은 성적을 거두었다.

과학교실, 하브루타와 일반수업 비교해 보니(만점 120점)
부산의 한 초교에서 26명씩 두 반을 석 달간 비교 / 자료: 2014년 부산교대 석사논문(장영숙)

	기초탐구능력(A)	통합탐구능력(B)	과학탐구능력(A+B)
하브루타	41.9 → 54.2	35.2 → 54.2	77.1 → 103.1
일반수업	45.2 → 43.2	34 → 33.7	79.2 → 76.9

〈출처 – 중앙일보〉

하지만 질문이라고 해서 다 좋은 것은 아니다. 질문에는 '저차원의 질문'과 '고차원의 질문'이 있다. '저차원의 질문'은 단순히 암기한 지식을 물어보는 것이다. '누가? 언제? 무엇을? 어떻게?' 이렇게 물어서 뻔한 지식을 얻는 것은 사고력 계발에 큰 도움이 되지 않는다. 부모가 아이를 위해 활용해야 하는 것은 '고차원의 질문'이다. 책에서 얻어진 기존의 지식 말고 그를 통해 더 깊은 지식과 지혜를 확장해 가는 질문 말이다. 이런 질문이 하브루타의 질문과 통한다. 아이의 고차원적인 두뇌가 쑥쑥 자라길 바라는 부모는 이제부터 질문의 철학자 소크라테스가 되어야 한다.

《백설공주와 일곱 난쟁이》동화를 읽은 아이에게는 "새 왕비는 왜 백설공주를 싫어할까?"라고 질문하자. 만약 아이가 "남의 자식이니까요"라고 대답하면 여기에서 그치지 말고 이렇게 질문하자. "왜 남의 자식을 싫어하지? 남의 자식이나 내 자식이나 똑같이 사랑하면 안 될까?" 이런 식으로 아이에게 생각거리를 던져 주자.

예를 더 들어 보자. 눈이 내리는 모습을 바라보며 "눈은 무엇으로 만들어졌을까?"라고 질문하고, 차를 타고 갈 때 "자동차는 어떻게 해서 움직일까?"라고 질문하고, 해수욕장에 갔을 때 "바다는 왜 파란색일까?"라고 질문하자. 아이가 대답하면 여기에서 끝내지 말고 계속해서 "왜?", "왜?"라고 질문을 이어 가자. 이처럼 부모가 계속해서 질문을 던지고 여기에 아이가 대답을 하다 보면, 아이의 사고력이 더 향상된다.

미국 학교 교육에서도 질문을 매우 중요시한다. 교사가 학생에게 답을 이야기해 주는 법이 없다. 교사는 질문을 던져서 학생이 해답을 찾도록 유도하고, 이를 통해 학생들이 자기주도적으로 생각하게 한다.

- 🔍 "What do you think?" (네 생각은 어때?)
- 🔍 "Can anybody answer to this question?" (누가 대답해 보겠니?)

두뇌 발달을 위해
생생하게 말하라

"머리가 좋다, 나쁘다는 뇌의 신경세포 수가 얼마나 치밀하게 발달돼 있느냐에 따라 결정됩니다. 이 신경세포는 출생해서 만 3세까지 가장 활발하게 발달하지요. 만 3세까지 고도의 정신 활동을 담당하는 대뇌피질이 집중적으로 발달하는데, 구체적으로 전두엽(사고와 언어, 운동), 두정엽(촉각), 후두엽(시각)이 이에 해당합니다."

서울대학교 의대 서유헌 교수(한국뇌학회 회장)의 말이다. 그에 따르면 0~3세 사이에 두뇌의 90퍼센트가 완성되기 때문에 이 시기에 골고루 두뇌를 발달시켜야 한다고 한다. 특히 감성, 예술성을 담당하는 우뇌의 발달은 이 시기에 결정된다고 한다. 그는 똑똑한 아이로 키우기 위해서는 두뇌의 특정 부문에만 한정하지 않고 두뇌가 골고루 왕성하게 발달하도록 양육해야 한다고 말한다.

아이가 아직 어리니까 음악이나 미술은 잘하지 못해도 괜찮지만 언어나 수학은 기초를 잘 잡아야 한다고 생각하는 부모들이 의외로 많다. 그러나 이렇게 하면 편식을 하는 아이처럼 두뇌가 건강하게 자랄 수 없다. 일반적으로 두뇌 발달은 5가지 원칙을 가지고 있다는 점을 부모들은 알아야 한다.

1. 뇌는 적절한 자극에는 발달하지만 지나치고 오랜 자극에는 손상받는다.
(휴식과 수면이 필수적)
2. 뇌는 끊임없이 창조되고, 평생을 통해 발달할 수 있다.
3. 지성(학습)과 창의력은 정서(감정)와 밀접하게 연관돼 있다.
4. 특정한 뇌 기능은 특정 시기, 특정 기간에 효율적으로 더 잘 발달한다.
5. 환경 요인(스트레스와 주변 환경)은 뇌 발달과 기능(이성과 감정)에 커다란 영향을 미친다.

이를 잘 기억해 두고 우리 아이의 두뇌 발달에 각별히 신경을 써야 한다. 또한 남자아이와 여자아이의 뇌가 다르다는 점 역시 잘 알아 둬야 한다. 남자아이의 두뇌는 논리성, 체계성이 뛰어나고 공간지각력이 발달하며 행동 지향적이다. 이에 비해 여자아이의 두뇌는 언어 발달이 빠르고 타인과의 공감이 빠르며 시각적 기능이 우수하다. 이런 차이점을 고려해 아이의 두뇌 발달을 배려해야 한다.

그러면 어떻게 해야 효과적으로 아이를 교육할 수 있을까? 서유현 교수는 이른 나이에 무턱대고 많은 지식을 주입하는 조기 교육보다는 뇌 발달에 따른 적기 교육을 강조한다. 그는 《천재 아이를 원한다면 따뜻한 부모가 되라》에서 두뇌 발달에 따른 연령별 교육법을 알려 주고 있다.

영·유아기(만 0~3세): 고른 뇌 발달과 감정·정서 발달이 중요

신경세포의 회로는 만 3세까지 일생에서 가장 활발하게 발달한다. 두뇌 전체가 골고루 발달하는 시기이기도 하다. 그러므로 어느 한쪽으로 편중된 학습은 좋지 않으며 오감 학습을 통해 두뇌를 골고루 자극할 때 뇌 발달이 효과적으로 이루어진다. 이 시기에는 특히 감정의 뇌가 일생 중에서 가장 빠르고 예민하게 발달하므로 애정의 결핍은 정신 · 정서 장애로 연결될 수 있다는 점을 명심하자.

유아기(만 3~6세): 전두엽이 빠르게 발달. 습관과 인간성 길러 줘야

만 3세에서 6세 무렵에는 종합적인 사고와 창의력, 판단력, 주의 집중력, 감정 등을 조절하는 뇌의 전두엽이 빠른 속도로 발달한다. 따라서 새롭고 자유로운 창의적 지식과 다양한 답이 있는 지식을 가르쳐 주는 것이 전두엽 발달에 좋은 영향을 준다. 또 이 시기에는 다양한 태도가 형성되기도 한다. '세 살 버릇 여든 간다'는 속담처럼 예절과 인성, 습관 교육 등이 다양하게 이루어져야 하는 시기다.

초등기(만 6~12세): 두정엽, 측두엽 발달. 본격적인 언어 교육 필요

만 6세 이후에는 언어와 청각 기능을 담당하는 측두엽, 공간 지각과 수학·물리적 사고를 담당하는 두정엽이 빠르게 발달한다. 이 시기의 아이들이 자신의 의사를 제대로 표현하고 논리적으로 따지기 좋아하는 특성은 이런 뇌 발달과 관계가 있다. 언어 기능을 담당하는 측두엽의 발달을 고려해서 만 6세 이후에는 본격적으로 한글 학습을 시키는 것이 효과적이다. 이때의 경험과 실력은 평생의 국어 실력을 좌우할 수 있다. 영어를 비롯한 외국어 교육 역시 이 시기에 시작하는 것이 효과적이다.

이 시기에 부모는 아이에게 어떤 말을 해야 할까? 아이의 오감을 자극하는 대화를 하는 것이 바람직하다. 오감 자극이라고 하면 밀가루 반죽 놀이가 먼저 떠오를 수도 있지만 일상의 평범한 대화를 통해서도 오감 자극을 충분히 이끌어 낼 수 있다.

🔍 오감을 자극하는 대화를 하자

우유를 마실 때는, "희고 따뜻한 우유를 마셔요."

사과를 먹을 때는, "빨갛고 둥근 사과가 맛있어요."

애완견을 만질 때는, "부드러운 털을 가진 푸들이에요."

소방차가 지나가는 소리가 들릴 때는 "소방차가 삐뽀삐뽀 소리를 내며 쌩하고 달려가요."

별을 볼 때는 "밤하늘에 별이 반짝반짝 빛나요."

이처럼 구체적으로 2가지 정도의 요소를 포인트로 잡아 생생하게 말해 준다. 밋밋하게 "이건 우유", "저건 사과" 하는 식으로 말하면 두 뇌가 골고루 자극을 받지 못한다. 부모가 마치 연기자가 된 듯이 손짓, 발짓을 하면서 과장되게 시각, 청각, 촉각, 후각, 미각을 자극시켜 주자. 특히 '졸졸졸', '삐악삐악' 같은 의성어나 '방긋방긋', '반짝반짝' 등의 의태어는 아이의 언어 발달과 표현력 향상에 도움을 주는 요소이므로 아이와의 대화에서 의성어와 의태어를 많이 활용하는 것이 중요하다.

사물의 차이점을 비교하고,
수와 연관 지어 말하라

아이가 초등학교부터 고등학교까지의 모든 교육 과정에서 좋은 성적을 유지하려면 무엇보다 수학 성적이 중요하다. 수학 성적은 아이가 나중에 대학 진학을 하는 데에도 결정적인 변수로 작용하기 때문이다. 다른 과목은 비교적 어렵지 않게 따라잡을 수 있지만 수학은 좀처럼 따라잡기 힘들다. 그래서 유아기에 수학에 대한 흥미와 재능을 키워 놓지 못하면 나중에 힘들어진다.

2015년 한 교육 단체 설문 조사에 따르면 고등학생의 60퍼센트, 중학생의 46퍼센트가 이른바 '수포자'(수학을 포기한 학생)로 집계됐다. 따라서 아이를 둔 부모는 자녀의 수학 두뇌 발달에 각별히 신경을 써야 한다. 아이의 수학 두뇌를 발달시키려면 어떻게 하는 것이 좋을까? 수학은 부모의 영향을 많이 받는다. 부모가 수학을 대하는 태도를 고스란히 아이가 본받기 때문이다. 특히 엄마의 역할이 중요한데, 그렇다고 엄마가 꼭 수학을 잘할 필요는 없다.

부모의 가장 중요한 역할은 수학을 직접 가르쳐 주는 것이 아니라 아이가 스스로 푼 문제에 대해 말할 수 있는 기회를 최대한 많이 주는 것이다. 왜 그런 답이 나오게 되었는지, 아이가 추론하고 답할 수 있는 기회를 많이 주어야 한다. 그럴 때 아이의 머릿속에 개념이 논리적으로 정리되며 사고력이 자라게 된다.

사실 수학 두뇌는 수학 분야 한 곳에만 쓰이는 것이 아니다. 수학 두뇌를 계발하면 파생적으로 다른 능력을 골고루 향상시킬 수 있다. 영재교육 권위자인 윤여홍 박사는 말했다.

"수학은 언어와 함께 다른 모든 영역의 기본이 되며, 모든 학문을 발달시켰다고 해도 과언이 아니다. 특히 과학이나 의학, 기술, 컴퓨터, 공학, 통계학, 경제학, 회계학 등의 분야에서는 수학이 필수적이다. 따라서 수학을 잘하면 다른 과목의 학습 능력을 향상시킬 수 있고, 학습에 대한 자신감도 키울 수 있다."

그래서 더더욱 유아기 때 아이가 수학에 관심을 갖도록 교육하는 것이 중요하다. 우선 아이가 수학적 두뇌가 있는지 확인하는 것부터 시작하자. 가령 일상생활에서 수와 관련지어 생각한다든지, 패턴, 규칙, 관계성을 잘 찾아낸다든지, 숫자 세기와 계산을 즐긴다든지, 사물의 길이나 크기, 높이, 양 등을 서로 비교하면서 잘 따진다든지 하면 수학적 두뇌가 있는 것이다. 이때를 놓치지 말고 적극적으로 아이의 수학에 대한 관심도를 끌어올려 주자.

만약 그렇지 않다고 하더라도 실망하지 말자. 유아기는 수학 두뇌를 키우기에 절대 늦지 않은 시기다. 꾸준히 아이가 수에 관심을 갖도록 교육해 나가자. 윤여홍 박사는 《지금 꼭 키워야 할 우리 아이 숨은 재능》에서 수학 재능을 키우는 구체적인 실천법을 소개하는데 이를 잘 참고하자.

계산이 아닌 수의 개념을 가르치자

흔히 암산이나 구구단 외우기를 잘하면 수학을 잘한다고 생각하는데 그렇지 않다. 아이에게는 수의 개념과 수학적인 사고를 하는 능력이 필요하다. 이 능력이 밑거름이 되어야 학년이 높아질수록 어려워지는 수학을 포기하지 않고 잘 배울 수 있다.

공부가 아닌 놀이처럼 시작하자

수학을 놀이로 배우면 거부감 없이 배울 수 있다. 수와 양의 개념을 배울 수 있는 다양한 놀이를 함께해 보자. 엄마와 함께 수학을 배우는 아이가 수학을 잘할 수 있다는 연구 결과도 있다.

생각하는 수학이 아이의 재능을 키운다

단순한 공식 암기나 계산은 수학적 사고와 아무 관련이 없다. 수학의 핵심은 문제를 파악하고 원리와 공식으로 해결하는 데 있다. 이때 요구되는 것이 수학적 사고다. 혼자 생각하고 문제를 풀어 가는 수학적 사고가 아이의 진정한 수학 실력을 좌우한다.

생활 속에서 수를 접하게 하자

수학을 공부시킨다고 해서 반드시 수학 학습지나 수학 도구를 사용할 필요는 없다. 오히려 수에 특별한 흥미가 없는 아이에게는 역효과가 생길 수 있다. 대신 일상생활 속에서 생기는 일을 통해 수의 개념을 익히게 하자.

부모는 절대 '수학을 잘하는 아이'로 만들겠다고 고집하면 안 되고, '수학을 재미있어 하는 아이'로 만들겠다고 생각해야 한다. 그러기 위해선 일상생활, 놀이, 책 읽기 등에서 수학과 관련된 모든 것을 끄집어내 대화의 소재로 삼자. 또한 수와 관련된 것은 어림짐작으로 말하지 말고 구체적으로 말하자.

아이가 수학에 흥미를 가질 수 있도록 부모는 어떤 말을 하면 좋을까? 아이에게 친숙한 소재를 활용하여 구체적으로 비교하면서 물건의 차이점을 가르쳐 주는 방법이 있다.

🏸 물건의 차이점을 비교하여 말하기

"수박은 크고, 사과는 작네."

"주스는 많고 우유는 적네."

"아빠 바지는 길고, 내 바지는 짧네."

이런 비교 개념은 수학의 기초가 되는데 이를 잘 익힌 아이가 수학을 쉽고 재미있게 받아들인다.

또한 좀 더 구체적인 수를 말할 수 있는 소재를 찾아 말을 하자. 아이가 일상생활에서 접할 수 있는 수는 매일 보는 시계, 날짜를 기록한 달력, 자신의 키, 자신의 생년월일, 용돈 등 매우 많다. 부모는 이를 잘 응용하여 아이가 수를 떠올릴 수 있도록 수와 연관 지어 대화를 하자.

🏸 수와 연관 지어 대화하기

숫자로 가득한 달력을 가리키며, "앞으로 몇 밤을 더 자면 네 생일이지?"

아이의 키를 재면서, "저번보다 몇 센티미터가 커졌지?"

시계를 보면서, "잠자리에 들 시간이 몇 분 남았지?"

명칭 물음에는
완전한 문장으로 반복 강조

"이건 뭐야?"

아이가 2세쯤부터 자주 하는 질문이다. 아이는 이때부터 만 5세까지 급격하게 언어능력이 향상된다. 이 시기에 아이는 주변에 있는 모든 물건에 대한 호기심이 생기게 됨에 따라, 시도 때도 없이 질문을 쏟아 댄다. 이 시기에는 사물의 명칭을 묻지만 점차 나이가 들어가면 "왜요?", "어째서요?"로 질문의 수준이 높아진다.

아이는 생후 12개월만 돼도 100여 개의 단어를 이해한다. 실제로 그 단어를 다 말하지는 못하지만 옹알이를 하는 가운데 극히 일부의 단어를 말한다. 대표적으로 '엄마', '아빠', '맘마'를 들 수 있다. 이런 아이가 만 1~2세에는 단순한 명사만 말하는 것이 아니고 50여 개의 표현을 한다. 두 단어를 조합하여 말하는 것은 물론 대명사, 부사, 동사 등을 사용할 수 있다. 그러다가 아이가 만 2~3세가 되면, 어휘 수가 많아짐에 따라 문장 형태의 말을 시작한다. 이에 대해《언어 발달의 수수께끼》(EBS 〈다큐프라임〉 '언어 발달의 수수께끼' 제작팀 저)에서는 이렇게 말한다.

> 만 2세가 지나면서 아이의 어휘는 그야말로 폭발적으로 증가한다. 아이가 이해하는 수용 언어는 500~900여 개 수준이며, 사용하는 표현 언어는 200~300여 개에 달한다. 1부터 10까지 숫자를 세는 것도 가능해진다.
>
> 무엇보다 획기적인 변화는 문장의 사용이다. 만 2세가 되기 전, "엄마 무(물)", "아빠 인나(일어나)"와 같이 아이는 단어 두 개를 연결해 짧게 말을 하다가, 점차 서너 개의 단어를 이어 "엄마 무울(물) 주세요", "아빠 발리(빨리) 일어나" 등으로 말할 수 있다. 언어학자들은 아기가 단어를 연결해 말하는 시기, 엄밀히 따지자면 생후 18~30개월을 '두 마디 시기', 혹은 '낱말 조합' 단계라고 부른다.

이후 4세부터 아이는 3~5개의 단어를 연결해 문장을 말할 수 있다. 또한 5세가 되면 아이는 2천~3천개의 단어를 사용해 어른과 비슷하게 말할 수 있다. 여기서 잠깐 짚고 넘어갈 것이 있다. 어른들은 영어를 배울 때 어휘만 배워서는 절대 영어를 유창하게 할 수 없다는 것을 잘 안다. 수백 수천 개의 어휘를 암기하는 것은 기본이고 여기에다 그 복잡하고 이해하기 힘든 문법을 숙지해야 비로소 문장을 이해하고, 문장을 말할 수 있다.

그런데 아이에게는 별도로 문법을 가르칠 필요가 없다. 제대로 알아듣지도, 말하지도 못하는 아이에게 문법을 가르치는 것은 불가능이나 다름없다. 그렇다면 어떻게 해서 아이는 어휘만 습득하고 나서 스스로 문장을 말할 수 있는 것일까? 아이가 하나를 배우면 가르쳐 주지 않은 두 개 세 개를 척척 말하는 것을 보면서 놀랄 때가 많았을 것이다. 이에 대해 세계적인 과학저술가 매트 리들리는《붉은 여왕》에서 이렇게 말한다.

> 아이들은 명백하게 '언어기관'을 이미 두뇌에 가지고 있으며, 규칙을 적용하려고 기다리고 있다. 그들은 배우지 않고도 기초적인 문법 규칙을 웬만큼 터득한다. 이런 능력은 컴퓨터에도 없다. 한 살 반부터 사춘기 직후까지 아이들은 언어 배우기에 매혹되며, 어른보다 훨씬 쉽게 여러 개의 언어를 배울 수 있다. 아이들은 얼마나 많이 격려를 해주는가에 상관없이 말하기를 배운다.

이러한 견해는 미국의 언어학자 노암 촘스키가 사람은 태어나면서 언어습득장치(LAD: Language Acquisition Device)를 가지고 태어났다는 주장을 뒷받침하고 있다. 촘스키는 언어습득장치에 언어 활동에 필요한 기본 원칙이 담겨 있기 때문에 별도의 문법을 배우지 않고 능숙하게 모국어를 말할 수 있다고 했다.

흔히 만 2세 전후의 아이가 "이건 뭐예요?"라고 묻는 시기를 '어휘 폭발기'로 부른다. 이 시기에 급속도로 어휘 수가 많아지기 때문이다. 이와 함께 이 시기에 아이는 단순히 주변 물건의 이름을 묻기 때문에 이를 '명명폭발'이라고 한다. 한마디로, 이 시기의 아이는 사물의 이름을 물어보면서 기하급수적으로 어휘 수를 늘려 간다.

따라서 아이가 물건의 이름을 질문하면 부모가 대답을 해 줌으로써, 아이가 그 대답을 통해 어휘를 습득하는 것과 함께 사물을 정확하게 인식하도록 도와주어야 할 때다. 식탁 위에 컵, 사과, 풍선, 카스텔라가 있다고 하자. 이 네 개의 명칭을 모르는 아이는 각각을 구별하지 못한다. 컵, 사과, 풍선, 카스텔라가 전혀 다른 물건임을 인지하지 못한다는 말이다.

그런데 아이가 손가락으로 가리키면서 혹은 직접 만지면서 "이건 뭐예요?"라고 묻고, 이에 부모가 친절하게 대답해 주면 아이의 어휘력, 인지능력이 높아진다. 부모가 하나씩 대답해 주면 비로소 아이는 컵, 사과, 풍선, 카스텔라를 알아보는데 이 과정을 통해 아이의 어휘력은 물론 사고력이 성장하게 된다.

아이의 사고력, 이해력 등 복합적인 인지능력을 높이기 위해서는 어휘 수 높이기가 필수적이다. 그렇다면 어떻게 하면 아이가 효과적으로 많은 어휘를 습득할 수 있을까? 이에 대해 자녀 교육 전문가 루스 보든은《아이의 어휘 수를 늘리는 방법 26가지》에서 다음과 같은 방법을 알려 주고 있다.

완전한 문장을 사용하라

아이 말투가 아니라 적합한 단어와 어법에 맞는 문장을 사용한다. 아이가 "엄마, 차"라고 말하면 엄마는 "그래, 반짝거리는 새 차가 빠르게 달리고 있네"라고 긴 문장으로 다시 말해 준다.

개방형으로 질문하라

"밥 먹을래?" 등과 같이 "예", "아니오"로 대답할 수 있는 질문을 될 수 있는 한 줄이는 것이 좋다. "어떻게?", "왜?"에 대한 질문을 자주 해 하나의 주제에 대해서 여러 각도에서 이야기하도록 하자.

자기만의 언어와 문장으로 표현할 기회를 주자

동화책의 그림을 보고 "무슨 일이 일어났지?"라고 묻거나, 옛날이야기를 들려주고 "그다음엔 어떻게 될까?" 등의 질문을 한다. 이를 통해 아이는 자기만의 세계를 자신의 언어로 다양하게 표현한다.

아동용 TV 프로그램을 보게 하자

아이에게 적합한 프로그램을 통해서 아이는 낱말의 다양한 의미를 알게 된다. 또 새로운 사물에 대해 익숙해져 사회생활의 적응 기간이 짧아질 수 있다.

자기보다 어린 동생에게 책을 읽어 주게 하자

동생에게 책을 읽어 주게 하면 아이는 자신감이 생겨서 독서에 재미를 느낄 수 있다.

이제 "이건 뭐예요?"라고 묻는 아이에게는 완전한 문장으로 반복해서 말해 주자. 아이들은 한 번 듣고 곧바로 이해하기 힘들기 때문에 한 번만 답해 주는 것으로는 부족하다. 어른들도 영어를 배울 때 여러 번 반복 강조해 들어야 잘 이해할 수 있는 것처럼 아이들에게도 반복 강조가 꼭 필요하다.

이때 필요한 것이 3S(느리게 Slowly, 강하게 Strongly, 섬세하게 Sensitively)이다.

🔍 아이가 "이건 뭐예요?"하고 물으면, 완전한 문장으로 느리고, 강하고, 섬세하게 답해 주자

아이가 믹서기를 가리키며 "이건 뭐예요?"라고 물으면 천천히 그리고 강조할 곳에 악센트를 주면서 자상(섬세)하게 "이건 과일을 갈아서 주스를 만들어 주는 믹서기야", "이건 과일을 갈아서 주스를 만들어 주는 믹서기야" 라고 반복해서 말해 주자.

아이의 IQ를 높이는
아빠의 말

"남편이 육아에 전혀 신경을 안 써요."

이런 고민을 털어놓는 엄마가 많다. 전업주부도 그렇지만 맞벌이 하는 워킹맘도 사정은 마찬가지다. 파김치가 되도록 일하고 돌아오 온 워킹맘에게는 또다시 육아 전쟁이 기다린다. 요즘은 적극적으로 육아에 참여하는 아빠들이 늘어나고 있는 추세지만, 아직도 상당수 의 남편들은 퇴근 후 아이 돌보기에 소극적이다.

그래서 아이는 엄마의 손에 길러지는 경우가 많다. 하지만 진심으 로 아이의 미래를 걱정하는 아빠라면 지금부터 생각을 바꿔야 한다. 나는 육아와 자녀 교육에 대해 특강을 할 때 특별히 아빠의 중요성 을 강조한다.

"똑똑하고 공부 잘하는 아이를 원하세요? 그렇다면 아빠가 퇴근 후에 10분이라도 아이와 놀아 주면서 말을 건네세요. 아빠와의 대화 시간을 통해 아이의 IQ가 쑥쑥 자라기 때문입니다. 이건 절대 엄마가 하지 못하는 거예요. 바쁘다, 피곤하다 등 이런저런 핑계를 대면서 아이와 대화를 많이 하지 않는 아빠는 아이의 두뇌를 망치고 있다고 봐도 돼요."

이런 얘기를 하면, 육아와 자녀 교육에 별 관심을 보이지 않던 아빠들이 눈을 크게 뜬다. 아이에 대한 책임감 때문이다. 아빠의 역할이 아이의 두뇌에 지대한 영향을 미친다는 말에 바짝 긴장을 하는 것이다.

몇몇은 흥분한 나머지 돌발적으로 내 말을 자른다.

"너무 과장된 말 아닌가요? 아빠에 의해 아이 IQ가 결정된다니 너무 비과학적인 말 같습니다. 근거라도 있습니까?"

나는 미소를 지으며 여유 있게 답변을 해 준다.

"'아빠효과(Father Effect)'라는 말 들어보셨어요? 미국의 심리학자 로스 파크의 연구에 따르면 아빠의 양육이 아이의 인지능력은 물론 정신 건강, 대인 관계에서 막대한 영향을 미친다고 합니다. 로스 파크는 아버지만이 자녀에게 줄 수 있는 고유한 영향력이 있다고 말합니다. 옥스퍼드대학교의 연구 결과도 마찬가지예요. 아빠가 육아에 많은 시간을 할애할수록 아이의 사고력, 인성, 사회성 등이 뛰어나다고 말이죠. 특히 아이의 뇌에 미치는 영향을 주목해야 합니다. 국제

뇌교육협회에서는 아빠와 친밀한 교감을 자주 나눈 아이의 두뇌가 더 뛰어나다고 했는데, 실제로 영국 뉴캐슬대학교에서 조사한 결과 아빠와 시간을 많이 보낸 아이의 IQ가 높다고 나왔습니다. 이렇게 육아에 미치는 아빠의 영향을 가리켜 '아빠효과'라고 합니다."

내가 하나하나 근거를 대고 나면, 아빠들은 깜짝 놀라는 표정을 짓는다. 특히, 아빠효과에서 아빠의 양육 태도가 아이의 지능에 지대한 영향을 미친다는 점을 주목하자. 이에 대해 뉴캐슬대학교의 정신의학과 교수이자 가족연구센터 소장인 리처드 플레처는 그의 저서 《0~3세, 아빠 육아가 아이 미래를 결정한다》에서 설득력 있는 연구 결과를 보여 주는데, 아빠의 양육 태도와 아이 지능지수의 상관성을 밝히면서, 아빠와 시간을 많이 보낸 아이가 나중에 학업 성적이 훨씬 뛰어나다고 했다.

따라서 아빠는 보다 적극적으로 육아에 관심을 기울여야 한다. 특히 아이가 3세가 되기 전에 많은 시간을 함께 보내는 것이 중요하다. 3세 전에 아빠와 보낸 시간이 아이의 지능지수에 큰 영향을 미치기 때문이다. 리처드 플레처는 아빠가 육아에서 보조자의 위치에서 벗어나 주도적인 역할을 해야 한다면서, 남성과 여성의 차이점을 들어 그 이유를 말했다.

"아빠의 뇌는 남성의 뇌다. 여성의 뇌를 가진 엄마가 주는 자극과 다를 수밖에 없다. 아빠는 조직적이고 체계적인 자극을, 엄마는 감성적이면서 공감적인 자극을 준다. 아이들 입장에서는 다양한 자극이 들어오는 것이 뇌 발달에 훨씬 좋다. 아빠의 양육과 자극이 필요한 이유다.”

이제 아빠들은 아이를 돌보는 데 무관심한 자신을 변명하지 말아야 한다. 아이를 엄마에게 일방적으로 맡겨 버리는 것은 아이의 미래를 방관하는 것과 다름없다. 이를 잘 알고 있는 영국 아빠들은 아이를 돌보는 데 매우 적극적이다. 영국 아빠들은 다양한 육아 모임에 참가할 뿐만 아니라 주말이 되면 혼자 도맡아 아이를 돌보기도 한다.

따라서 우리 아빠들은 지금과 다른 모습으로 변화되어야 한다. 그러기 위해 현재 자신이 어떤 아빠인지를 우선 파악해 보자.

아이에게 자주 스킨십을 해 주는가?
일주일에 두 번 이상 아빠가 목욕을 시키는가?
아이가 엄마 없어도 아빠를 어색해하지 않는가?
아이와 둘이 외출할 수 있는가?
아이와 자주 대화를 하는가?
아이를 혼자 재울 수 있는가?

위의 질문에 긍정적인 답을 할 수 있다면 잘하고 있는 것이다. 그런데 이 질문에 자신 없는 분은 이제부터라도 좋은 아빠가 되기 위해 노력해야 한다. 아이의 미래를 위해서 말이다.

아이의 뇌를 자극하고 성장시키는 아빠의 대화 요령은 3가지다.

🏓 사랑 표현을 자주 하자

남성은 아무래도 다정다감한 애정 표현이 어색하다. 그렇다고 무뚝뚝하게 아이를 대하면 아이의 지능지수는 성장하기 힘들다. 아빠는 적극적으로 아이에게 "사랑해", "아이, 예뻐라", "귀여워" 등의 애정 표현을 자주 하자. 이때 언어 표현과 함께 안아 주고 쓰다듬어 주는 신체 접촉을 하면 효과가 더욱 높다.

🏓 칭찬을 아끼지 말자

아이들은 엄마보다 아빠의 칭찬을 더 의미 있게 받아들인다. 아이의 행동을 잘 관찰하고 아이가 노력하는 모습을 보일 때 아낌없이 칭찬해 주자.

예를 들어 잠자리에서 그날 있었던 아이의 행동을 떠올리며 칭찬해 보자. "오늘 다 놀고 나서 장난감 정리를 아주 잘했어", "저녁 먹을 때 반찬을 골고루 먹었으니 키가 많이 자랄 거야" 등의 말을 건네자. 이런 칭찬을 들은 아이는 몰라보게 성장한다.

🔍 일상생활에서 대화를 많이 하자

일상의 모든 시간을 활용하여 아이와 말을 주고받자. 아이와의 대화 시간을 갖기 위해 따로 시간을 내는 일은 사실상 쉽지 않다. 따라서 기회가 될 때마다 아이와 자주 대화하라. 밥 먹는 시간, 목욕하는 시간, TV 보는 시간, 청소하는 시간 등 아이와 함께할 시간은 많다. 이 시간을 활용해 대화를 하면 아이와 깊은 유대감을 키울 수 있다.

"책 읽어" 대신
"책 이야기를 들려줄게"

오늘의 나를 만든 것은 우리 마을의 도서관이었다. 하버드 졸업
장보다 소중한 것이 독서 습관이다.

마이크로소프트의 창업자 빌 게이츠의 말이다. 그는 7세 때 이미
백과사전을 끝까지 읽었다. 이후로 루스벨트, 뉴턴, 나폴레옹 등의
위인전과 함께 다양한 소설을 읽어 나갔다. 나중에 지역 공립도서관
에서 개최한 독서경진대회에서 아동부 1등 및 전체 1등을 했다.

이러한 독서 습관이 그를 하버드대학교에 진학시킨 원동력이 되
었고 이후 마이크로소프트를 이끄는 IT 황제로 만들었음은 의심의
여지가 없다. 그는 개인 도서관에 수만 권의 장서를 보유한 것으로

유명한데 현재도 꾸준히 책에서 영감과 아이디어를 얻고 있다. 그는 자신의 블로그 '게이츠 노트'에 직접 읽은 책 가운데 추천 도서를 올리고 있다. 이 추천 도서는 전 세계 다양한 분야의 식자들에게 유용하게 활용되고 있다.

미국 역사상 가장 위대한 인물로 손꼽히는 링컨을 대통령으로 만든 힘도 독서에 있었다. 링컨은 정식 교육을 받지 않았지만 독학하고 독서한 힘으로 측량기사도 되었고, 변호사도 되었다. 어린 시절 가난한 가정에서 자란 링컨은 책이 많지 않았다. 책이 없어서 책 한 권을 빌리기 위해 몇 킬로미터씩 걸어야 했다. 아버지는 통나무집에서 책 읽기를 즐겨 하는 링컨을 늘 못마땅하게 여겼다. 아버지가 "삽 들고 따라와"라고 할 때마다 링컨은 항상 책을 주머니에 넣고 밭으로 갔다. 밭 한 이랑을 다 갈고 잠시 쉬는 틈을 타서 책을 읽었다. 링컨은 대통령이 되어서도 쉬지 않고 독서를 했고, 끝내 독서에서 얻은 힘으로 미국 역사상 가장 위대한 일로 꼽히는 '노예 해방'이라는 업적을 남기게 된다.

빌 게이츠와 링컨을 보면, 독서가 얼마나 중요한지를 짐작하고도 남는다. 실제로 학교에서 학생들을 지도하는 교사들도 독서를 많이 한 학생이 학업 성취도가 높다고 밝히고 있다.

이에 대해 2015년 〈조선일보〉와 한국교총이 유·초·중·고 교사와 교육청 전문직 등 1,033명을 대상으로 진행한 설문조사가 이를 잘 입증하고 있다. 응답자의 96퍼센트가 '책을 많이 읽는 학생이 학업 성취도가 높다'고 했다. 구체적으로 '매우 동의한다'는 의견이 694명(67.2%)으로 제일 많고, '동의하는 편이다'는 의견이 298명(28.8%)이며, '동의하지 않는다'는 의견이 6명(0.6%)으로 나타났다. 이와 함께 교사들은 독서가 국어(33.4%), 사회(25.2%), 과학(15%), 영어(10.5%), 수학(9.6%) 순으로 영향을 미친다고 답했다.

이에 대해 선뜻 동의할 수 없는 사람이 있을지 모르겠다.

"아무리 독서를 강조하지만 어릴 때부터 일찍 영어, 수학을 조기 교육시키는 게 더 낫지 않을까요? 다른 아이보다 뒤처지는 것 같아 마냥 아이에게 독서하라고 풀어 놓는 건 좀 불안한데요."

절대 그렇지 않다. 수시 비중이 많은 서울대의 경우 입학생들의 독서량이 많은 것으로 밝혀졌기 때문이다. 서울대 권오현 입학 본부장은 입학생들의 자기소개서를 보면 해마다 독서량이 증가하고 있다고 말한다. 그는 공부의 기초인 독서를 강조하면서 이렇게 말한다.

"해마다 서울대에 입학하는 신입생들을 조사하면 입시에서 좋은 결과를 얻은 대표적인 이유로 독서 습관을 들고 있다."

특히 부모는 어린아이의 독서가 매우 중요하다는 점을 잊지 말자. 미국 피츠버그대학교 연구팀이 8~10세의 어린이를 대상으로 읽기에 문제가 있는 아이들에게 6개월 간 읽기 능력 교정 훈련을 실시했다. 이후 그 아이의 뇌를 검사한 결과 뇌 좌측 전두엽의 백색질이 증가한 것으로 밝혀졌다. 연구팀은 이렇게 말했다.

"아이들이 읽기 훈련을 반복하면 뇌신경의 축색돌기가 자극돼 백색질 섬유를 감싸는 수초인 미엘린이 증가한다. 이렇게 되면 신경 신호 전달 속도가 10배 빨라지고 뇌가 보다 중요한 신호를 전달할 수 있다."

한마디로 독서를 많이 하면 할수록 아이의 두뇌 성능이 더 높아진다는 말이다. 마치 운동을 하면 할수록 근력이 늘어나고 운동신경이 발달하는 것처럼 말이다. 따라서 우리 아이에게 밥과 우유를 먹이듯이, 우리 아이의 두뇌 발육을 위해 독서라는 양식을 배불리 먹여야 하지 않을까? 그러기 위해서 좋은 방법은 '베갯머리 동화책 읽어 주기'다. 아이가 잠들기 20~30분 전에 책을 읽어 주면 엄마 아빠의 숨소리, 체취와 함께 따뜻한 상상의 세계로 들어갈 수 있다.

아이의 독서 습관을 키워 주기 위해서는 어떻게 말해야 할까? 가장 먼저 필요한 것은 "책 읽어라", "책 읽어야 훌륭한 사람이 되는 거야", "왜 책을 안 읽고 딴짓만 하니?" 등의 말은 삼가해야 한다. 강요를 해서도 안 되고 잔소리를 해서도 안 된다. 이것으로 인해 오히려 아이가 점점 책 읽기에 등을 돌리게 된다. 대신 아이들이 좋아하는 사물이나 동물이 그려진 책이나 짤막한 이야기가 있는 동화책을 보여 주면서 흥미를 유도하자.

"개구리 동화책 읽어 줄까?"
"이것 봐, 사자가 나왔네. 어떤 이야기인지 궁금하지?"
"책 쓰러뜨리기 게임을 해 보자"

이때는 TV를 끄고, 또 게임기와 스마트폰을 안 보이는 곳으로 치워야 한다. 이와 함께 부모가 솔선수범하여 항상 손에서 책을 놓지 않는 모습을 보여 주어야 한다. 이렇게 하면 아이는 자연스럽게 책과 가까워진다. 그렇게 해서 독서 습관이 저절로 몸에 밴 아이의 학교 성적은 걱정하지 않아도 된다.

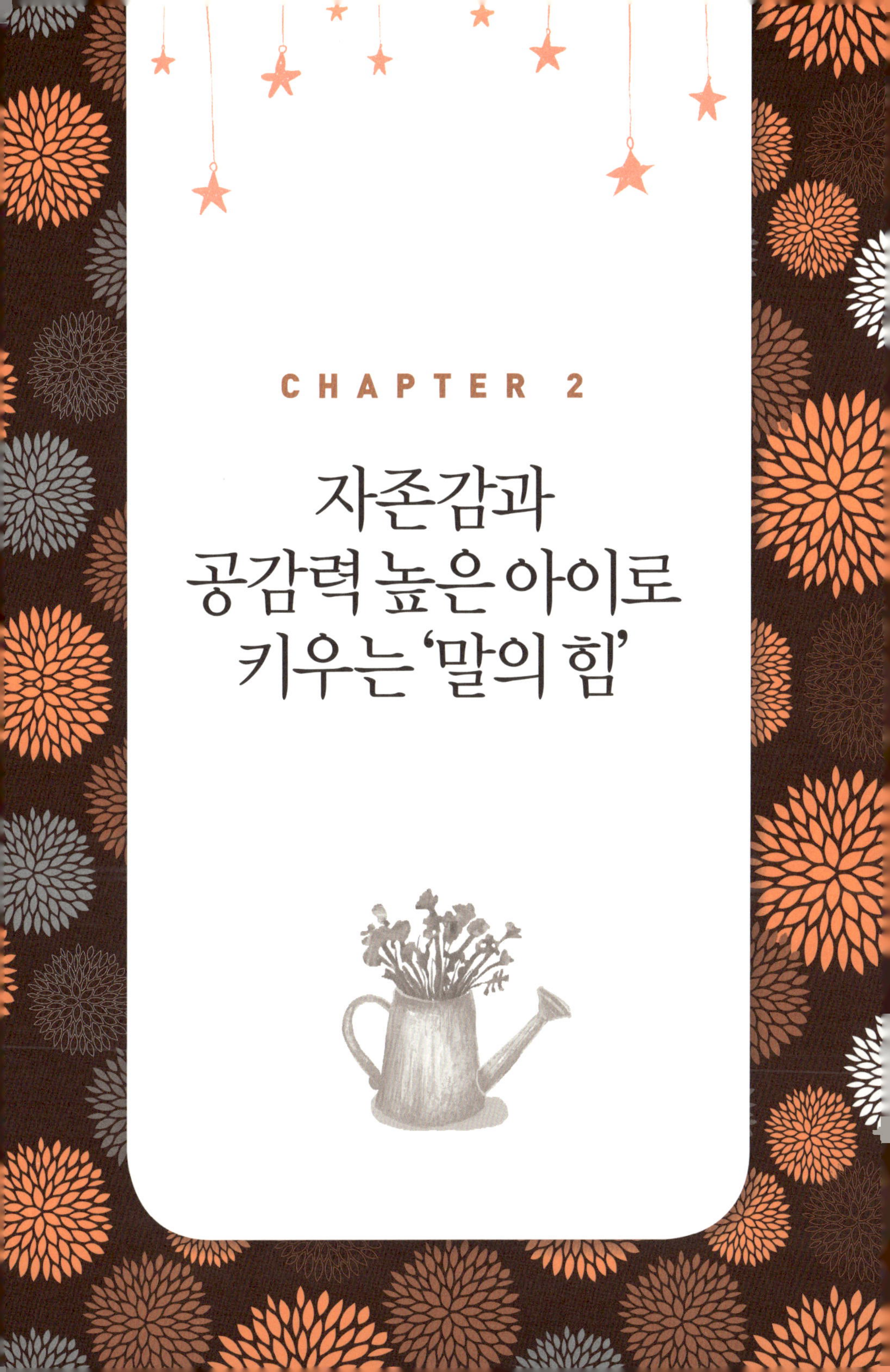

자존감과 공감력 높은 아이로 키우는 '말의 힘'

감성지수(EQ)를
높여 주는 말 4가지

"누굴 닮아 이 모양이야?"

"왜 그렇게 말이 많아?"

"한번 안 된다면 그런 줄 알아!"

"쯔쯧….”

무심코 이런 말을 내뱉는 부모가 적지 않다. 부모는 아이가 자라나면서 어디로 튈지 모르는 럭비공처럼 천방지축 뛰어다니고 또 급하게 감정이 변하는 모습을 보면 무척이나 당황스럽다. 일일이 신경 써 주기엔 너무 지쳐서 불만스럽거나 무성의한 반응을 보이게 되기도 한다.

문제는 이런 말이 아이의 미래에 크나큰 걸림돌이 된다는 점이다. 아이의 정서를 무시하는 부모의 말은 아이의 감성지수(EQ)를 크게 떨어뜨리기 때문이다. 감성지수는 '자신의 감정을 인식, 조절하고 자신을 동기화하며 타인의 감정을 인식하고 상대방과 인간관계를 맺고 관리하는 능력'을 말한다. 그런데 아이가 가정에서 부모로부터 감정을 조절하고 타인과 관계 맺는 법을 잘 교육받지 못하면 감성지수가 낮아질 수밖에 없다.

한때 육아 및 교육계에서 크게 붐을 일으켰던 감성지수의 중요성을 다시금 확인해 보자. 《EQ 감성지능》의 저자이자 미국의 교육학자인 다니엘 골먼은 말했다.

"지능지수를 말하는 IQ가 출세와 성공의 20퍼센트를 보장한다면 EQ는 나머지 80퍼센트를 보장한다."

실제로 하버드대학교 졸업생을 대상으로 한 연구 결과는 학교 성적이 출세와 성공에 별 관련이 없는 것으로 나왔다. 여기서 더 나아가 보스턴대학교 헬즈만 교수는 성공의 결정적인 요인을 밝혀냈다. 7세 아이 450명을 선정하고 40년 동안 이들을 추적 조사한 결과, 출세와 성공에 지대한 영향을 미치는 것은 좌절을 극복하는 자세, 감정 통제력, 타인과의 소통 능력으로 밝혀졌다. 바로 이 3가지가 EQ에 해당한다.

이처럼 감성지수가 아이의 출세와 성공에 지대한 영향을 미친다는 것을 확인할 수 있다. '감정지능(emotional intelligence)'이라고도 불리는 감성지수는 구체적으로 사람의 어떤 역량을 대변하고 있을까?
감성지수는 크게 자기 인식, 자기 조절, 동기화, 사회적 인식, 사회적
기술 등 5가지 역량을 포괄하고 있다.

자기 인식

정서의 인식 : 자신의 정서와 그 영향력을 이해하는 능력

정확한 자기 평가 : 자신의 강점과 한계를 아는 능력

자신감: 자신의 가치와 능력에 대한 확신

자기 조절

자기통제력 : 부정적인 정서와 충동을 조절하는 능력

신뢰감 : 정직과 성실이라는 기준을 따르는 것

양심 : 자신의 수행에 대하여 책임을 지는 것

적응력 : 변화를 다루는 데 있어서 유연성

혁신 능력: 새로운 것들을 좋아하고 열린 마음을 갖는 것

동기화

성취 동기 : 우수해지려고 노력하고 달성하려는 것

책무감 : 집단이나 조직의 목표와 함께 가는 것

솔선수범 : 가능성을 실천하고자 준비하는 것

낙관성 : 장애나 좌절에도 목표를 추구하고자 하는 것

사회적 인식

공감: 타인의 감정과 관점을 이해하고 타인에게 적극적으로 관심을 표명하는 것

조력 행동: 타인의 능력을 발전시키고 발휘하도록 도와주는 행동

다양성의 조정 능력 : 다양한 사람들의 가능성을 계발하는 것

정치적 인식 : 집단의 정서적 분위기와 권력 관계를 읽어 내는 능력

사회적 기술

영향력 : 설득을 잘할 수 있는 효과적인 기술

의사소통 능력 : 분명하고도 확신에 찬 메시지를 전달하는 것

리더십 : 사람들을 고취시키고 이끄는 능력

변화의 촉매작용 능력 : 변화를 잘 다루는 능력

갈등 조정 능력 : 갈등을 협상하고 해결하는 능력

관계 형성 능력 : 인간관계를 잘 형성하는 것

협력 능력 : 공동의 목표를 위해 타인과 함께 하는 능력

팀 역량 : 공동의 목표를 추구하는 데 있어서 집단 시너지를 창출하는 것

이처럼 감성지수는 매우 다양한 역량을 아우르기 때문에 우리 아이의 감성지수를 반드시 높여 줘야 한다. 우선 아이의 감성지수가 어느 정도인지 파악하자.

감성지수가 높은 아이는 5가지 특징을 보이는데 다음과 같다.

1. 자신감이 강하다.
2. 호기심이 많다.
3. 자제력이 강하다.
4. 사람들과 잘 어울린다.
5. 정서가 안정적이다.

아이의 EQ를 높이기 위해서는 어떻게 말을 하면 좋을까? 아이의 감성지수를 높일 수 있는 최적의 시기는 3세 이전이라고 한다. 이 시기에 감정이 매우 민감하게 발달하기 때문에 인격 형성에 중요한 영향을 미친다. 따라서 이때 집중적으로 아이의 감성지수를 높여야 한다.《부모 대학》(추이화팡 외 저)을 참고하면, 아이의 EQ를 높여 주는 말에는 4가지가 있다.

🔍 아이의 정서에 관심을 보이는 말

이 시기 아이의 정서는 매우 불안정하다. 따라서 다른 사람이 자신의 장난감에 손을 대면 싸우거나 떼를 쓰고 화내는 경우가 있다. 이를 무턱대고 꾸짖으면 안 된다. 아이에게 관심을 갖고 아이의 마음 상태에 대한 말을 건네 보자.

"무슨 일이니? 왜 화가 났어?"

🔍 아이의 정서를 이해하는 말

아이가 느닷없이 화를 낼 경우 침착하게 대응하자. 아이는 화를 어떻게 처리해야 하는지에 대해 전혀 교육을 받지 못했다는 점을 기억하자. 부모는 화난 아이에게 어른은 화가 났을 때 잠깐 바람을 쐬거나, 음악을 들으면서 평온을 되찾는다고 말해 준다. 그러면 아이도 자신의 화를 스스로 잘 다룰 수 있다.

"어른도 화가 날 때가 있어. 그렇다고 남에게 피해를 주면 안 돼."

🔍 아이가 자신의 정서를 표현하도록 도와주는 말

아이는 화, 긴장, 걱정, 우울함, 기쁨, 행복함 등의 정서를 잘 다루지 못한다. 따라서 그 정서 하나하나에 대해 잘 가르쳐 주어야 한다. 기쁨, 행복함만 옳고 화, 긴장, 걱정, 우울함을 무조건 나쁜 것으로 알려 주면 안 된다. 누구나 긍정적인 감정, 부정적인 감정을 다 가질 수 있으며, 부정적인 감정이 들 경우 이를 어떻게 해소하는지를 구체적으로 설명해 주자.

"아빠에게 혼나서 속상하구나. 이럴 때는 밖으로 나가 산책을 하면 마음이 풀릴 수도 있어."

"긴장이 될 때는 심호흡을 하면 편안해질 거야. 긴장이 된다고 다른 사람에게 짜증을 내면 네 기분이 더 안 좋아져."

아이가 가족 이외의 다양한 사람과 관계를 맺도록 하자. 가까운 친척에서부터 이웃, 경비원 아저씨, 우유 배달 아주머니를 만날 때마다 인사를 하고 그들과 공감하는 능력을 키워 주자. 그러면 아이는 상대방의 마음을 더욱 잘 이해하는 능력을 키우게 되어 사회성이 좋아진다. 이렇게 말해 보자.

"경비원 아저씨가 수고하시는데 가서 인사를 드려 볼까?"

"할머니가 편찮으시다는데 할머니께 전화를 드려 볼까?"

참을성이 부족한
아이에게 하는 말

"아이가 한번 울었다 하면 기절할 정도로 울어요."

"아이가 사람 많은 공공장소에서 떼를 쓰는 바람에 너무 스트레스를 받습니다."

"아이가 밥을 잘 안 먹어요."

많은 부모들이 아이를 키우면서 힘들어하는 문제들이다. 이러한 현상은 다양한 원인이 있어 나타나겠지만, 그중 과잉 육아도 중요한 원인으로 작용한다. 내 아이를 위해서라면 아무리 비싼 육아 용품이라도 아깝지 않게 생각하고, 또 최고 시설을 갖춘 유치원에 아이를 보내려고 한다.

아이가 울고 떼를 쓰면 무조건 아이가 요구하는 것을 맞춰 준다. 아이가 친구를 때려도 혼내지 않고 장난감과 집안의 물건을 부숴도 웃으며 넘긴다. 이러한 대응은 아이에게 나쁜 영향을 미친다. 아이가 스스로 자기 감정과 행동을 조절하여 참을성을 키워야 하는데 그럴 기회를 빼앗기 때문이다. 그러다 보면 부모는 감당할 수 없는 아이의 감정 표현과 행동으로 깜짝 놀라게 된다.

참을성은 선천적인 것이 아니라 후천적으로 교육된다. 전두엽의 안와전두피질(OFC)이 참을성을 담당하는 곳인데, 어릴 때 이곳이 잘 발육되지 못하고 미숙한 상태로 남으면 자기조절능력이 떨어진다. 이로 인해 아이가 시도 때도 없이 떼를 쓰고 울고 소리 지른다.

이렇게 참을성이 없는 아이에게 더욱 큰 문제는 학습 능력과 대인 관계 능력이 현저히 떨어진다는 점이다. 책을 읽거나 어른의 말에 집중을 하거나 다른 아이와 좋은 관계를 유지하기 위해서는 참을성을 갖추어야 하는데, 어릴 때 이 능력이 훈련되지 않으면 성인이 되어서 문제가 된다.

"네 살 때 마시멜로를 먹지 않았다고 어떻게 마흔 살에 억만장자가 된다는 겁니까?"

"물론 두 사건이 직접적으로 관련된다는 이야기가 아니야. 다만 자기 의지로 보상을 미루는 능력이 성공의 가늠자가 된다는 거지."

《마시멜로 이야기》에 나오는 억만장자와 청년의 대화다. 이를 통해 어릴 때 참을성 교육이 얼마나 중요한지에 대해 잘 알 수 있다. 이 대화의 의미를 잘 알기 위해서는 '마시멜로 실험'을 짚고 넘어 가야 한다. 1970년에 스탠퍼드대학교 심리학자 월터 미셸은 아이들을 대상으로 실험을 했다. 아이들에게 마시멜로를 주고 15분간 먹지 않으면 한 개를 더 주겠다고 말했다. 그 결과, 70퍼센트의 아이는 참지 못하고 먹었고, 30퍼센트의 아이만 끝까지 참아 마시멜로 두 개를 먹을 수 있었다.

주목해야 할 것은 이 아이들이 자란 14년 후다. 참을성 있었던 아이들이 그렇지 않은 아이에 비해 대학수학능력시험 점수가 210점이나 높았다. 이처럼 마시멜로를 당장 먹지 않고 참는 능력이 한 사람의 미래를 결정하는 중요한 변수가 된 것이다. 이 실험을 통해 월터 미셸은 말했다.

"만족을 지연하는 능력이 성공의 비결이다."

여기에서 '자기 의지로 보상을 미루는 능력', '만족을 지연하는 능력'은 참을성을 의미한다. 이처럼 잘 참을 줄 아는 능력이 한 사람의 성공을 좌우한다는 것을 명심해야 한다. 또한 그 참을성은 아이가 인지능력이 발달한 생후 24개월 때부터 잘 교육해야 함을 잊지 말자.

《아이의 자기조절력》의 저자 이시형 박사는 감정 조절을 담당하는 안와전두피질이 정상적으로 발달하기 위해서는 애착과 통제가

필요하다고 한다. 아이에 대한 애착을 전제로 적절한 통제와 제한
이 있어야 비로소 아이의 자기조절력, 참을성이 발달한다는 것이다.
《아이의 자기조절력》을 참고하면, 아이의 참을성을 키우기 위한 부
모의 요령이 소개되어 있다.

'안 돼'라고 말하기를 두려워하지 말라

아이에게 무한 애정을 베풀어야 아이가 바르게 자라는 것으로 오
해하는 부모들이 있다. 분명히 아이에게 애정은 필수적인 것이지만
지나칠 경우 아이는 자기조절력을 상실할 수 있다. 아이가 떼를 쓰거
나, 시도 때도 없이 운다고 아이의 비위를 모두 맞춰 줄 필요는 없다.
또한 아이의 요구가 잘못되었을 때는 과감하게 "안 돼"라고 말하자.
이를 통해 아이는 허용된 것과 금지된 것을 분명하게 구분하게 된다.

규칙적으로 수유를 하라

수유 방법은 통제 중추의 발달과 밀접한 관련이 있다. 아이가 울 때
배가 고픈지 부른지도 모른 채 일단 젖부터 물리면 자기 억제가 안 되
는 자기중심적인 아이가 되기 쉽다. 적절한 절제를 익힐 수 있는 억제
적 자극을 주기 위해서는 규칙적인 수유를 해야 한다. 태어난 지 몇
주 안 된 아기는 먹는 양이 적어 자주 수유해야 하지만 이 시기를 지
나면 규칙적인 수유가 자기 억제력을 키워 주는 중요한 과정이 된다.

울고 떼쓸 때 내버려 두라

아이가 울고 고집을 피운다면 달래 주거나 "안 돼"라고 말할 필요가 없다. 아이는 울고불고 난리를 피우고 또 떼를 부리다가도 어느 시점이 되면 자신의 감정을 추스를 줄 안다. 이런 과정이 자라는 아이에게 필요하다. 이런 경험을 많이 한 아이가 자기통제력이 강하다.

스스로 터득하게 하라

자기를 통제하고, 감정을 억제하는 것이 더 낫다는 것을 경험시키자. 마냥 억지를 부리고 운다고 더 나아질 것이 없다는 것을 일상에서 배운 아이는 자기조절력이 강하다. 아이가 스스로 어려운 일을 해내거나, 또 가만히 앉아 있지 못하는 아이가 일정 시간 동안 제자리에 앉아 있으면 칭찬을 아끼지 말자. 이렇게 하면 아이는 자기의 감정과 행동을 제대로 조절할 수 있다.

참을성을 길러야 할 아이에게 필요한 부모의 말은 2가지다.

🎤 "안 돼"

아이가 지나친 요구를 하면서 떼를 쓸 때는 단호하게 "안 돼"라고 말하고 그 이유를 잘 설명해 준다. 처음에는 아이가 부모의 말을 쉽게 받아들이지 못하지만 부모가 일관되게 대처하면 아이가 스스로 참을성을 기른다.

🔍 "역할 놀이를 해 보자"

유치원 놀이, 병원 놀이, 엄마 놀이 등을 하면서 아이가 상대방의 마음을 알아차리는 능력을 기를 수 있다. 이를 통해 타인과 공감하고 타인의 기대에 맞추어 참을성 있게 자신의 행동과 감정을 잘 조절할 수 있다.

행복감의 토대,
자존감 높여 주기

"우리 아이가 너무 내성적이고 소극적인 것 같아요. 친구들과 잘 어울리지도 않고요 무슨 일에도 흥미를 갖고 스스로 하려고 하지 않아요. 이러다 말겠지 했는데 지금은 너무 걱정이 되는 거예요. 다른 아이들은 또래하고도 잘 어울리고 또 학습지면 학습지, 음악이면 음악, 미술이면 미술 척척 해내잖아요. 이 아이가 나중에 뭐가 되려고 이러는지 모르겠어요."

얼마 전 내 의사소통 강연에 참석한 젊은 엄마의 고민이다. 그 엄마는 강연이 끝나자 내게 와서, 내가 진행하는 EBS 〈육아학교 Pin〉의 '우리 아이 말 잘하는 연습하기'를 잘 봤다고 말했다. 그러곤 아이에 대한 고민을 털어놓았다.

"대화법 전문가시니까 혹시 내 아이 문제를 해결해 주실 수 있을까 해서요. 5세 남자아이인데 말을 잘 배우면 나아질까요?"

"말을 잘하는 것도 좋은 방법이겠죠. 그런데 그건 임시방편일 수 있어요. 그보다는 아이 문제의 근본 원인을 파악하고 그것을 해결하는 게 좋겠어요."

아이의 상황에 대해 구체적으로 이야기를 나누어 본 결과, 아이의 자존감이 많이 떨어져 있다는 것을 발견하게 되었다. 이런 경우에는 자존감을 끌어올려 주면 많은 문제가 해결된다.

요즘 젊은 부모는 아이에 대한 큰 기대감을 갖고 지나치게 많은 것을 가르치려고 한다. 조기 교육을 한다고 여러 개의 학습지를 시키고, 영어, 수학, 논술, 음악, 미술, 체육 등을 가르치는 학원에도 보낸다. 아이가 제대로 숨을 못 쉴 정도다. 이렇게 많은 교육을 받은 아이들 중에 과연 몇 명이나 부모의 기대에 부응할 수 있을까.

현실은 애석하게도 대다수 아이들이 부모의 기대치에 부응하지 못한다는 점이다. 영어와 논술을 잘하는데 수학과 미술을 못하는 아이, 수학을 아주 잘하는데 영어, 논술, 미술을 못하는 아이, 미술을 잘하지만 수학, 영어, 논술을 못하는 아이 등이 있기 때문이다. 사정이 이렇지만 부모는 아이가 골고루 다 잘해서 학교에 입학하면 남보다 모든 면에서 뛰어나길 바란다.

대다수의 부모는 아이의 재능과 강점을 찾기보다는 다른 아이보다 뛰어나지 못한 내 아이를 못마땅하게 바라본다. '조금 부족한 아이'나 '아주 많이 부족한 아이'로 말이다. 특히 자존감 낮은 부모일수록 자녀를 형제끼리 비교하는 것도 모자라 다른 아이와 비교해, 자기 아이를 모자란 아이로 치부한다. 그러면서 점차 아이를 한 인격체로 대우하고 존중하는 대화가 사라진다. 그렇게 되면 부모 입에서 이런 말이 쉽게 나온다.

"너는 누굴 닮아서 이 모양이니?"
"너는 왜 이렇게 못하니?"
"도대체 네가 제대로 하는 게 뭐니?"
"늘 엄마를 실망시키는구나."

이런 말들이 아이의 자존감을 떨어뜨린다. 자존감은 자신을 존중하고 사랑하는 마음이다. 자존감이 있어야 자신감을 갖고 적극적으로 공부하고 친구와 어울리고 부모님 말씀을 잘 들으며 늘 활기차고 의욕적이다. 이와 반면에 자존감 없는 아이는 풀이 죽은 채로 지내며 매사에 의욕이 없다. 시키는 일만 겨우 할 뿐 하는 일마다 실망스럽다.

구체적으로 자존감이 아이에게 어떤 영향을 미치는지 자존감 높은 아이와 자존감 낮은 아이의 특징을 참고하자.

자존감 높은 아이

모든 일을 스스로 하려고 하고, 책임감을 갖는다.

새로운 일에 열정적으로 도전한다.

실패해도 잘 견디고 스트레스를 잘 관리한다.

공감 능력이 뛰어나다.

대인 관계가 좋아 친구와 잘 어울린다.

자존감 낮은 아이

자신감이 없고 위축되고 소극적이다.

새로운 것을 시도하지 않는다.

실패하면 좌절하고 운다.

부모에 대한 의존도가 높다.

대인 관계가 좋지 못하다.

이처럼 자존감은 자라나는 아이에게 없어서는 안 될 중요한 정서인데, 특히 행복감과 긴밀한 관계를 맺고 있다. 자존감이 낮으면 행복감도 낮고, 자존감이 높으면 행복감도 높다. 자존감이 높고 행복한 아이는 미래가 매우 밝다. 이는 단순한 추측이나 바람이 아니다. 이에 대해 행동생물학자 폴 마틴은《행복한 아이 만들기》에서 다음과 같이 말한다.

자신을 소중하게 여기는 자존감은 행복한 사람들의 공통된 특징이다. 자존감이 높은 아이들이나 어른들은 자존감이 낮은 사람들보다 더 행복하고, 더 건강하고, 더 성공적이다.

그런데 한 조사에서 우리나라 아이들의 행복감은 매우 낮은 것으로 나왔다. 2015년 국제구호단체 세이브더칠드런과 서울대 사회복지연구소가 '아동의 행복감 국제 비교연구' 결과를 내놓았는데, 한국 아동의 '주관적 행복감'이 조사 대상국 12개 중에서 최하위였다. 한국 아동의 행복감은 네팔, 에티오피아보다 낮게 나왔다. 우리 아이들의 외모, 신체, 학업 성적에 대한 만족도가 모두 최하위로 나왔다.

"지금 내 아이는 어리잖아", "아직 초등학교에 입학하지 않았으니까"라며 안심해서는 안 된다. 아이의 자존감은 초등학교 입학 전에 이미 가정에서 형성되기 때문이다. 부모의 행동, 태도, 대화가 아이 자존감의 토대를 결정짓는다.

따라서 바로 지금 우리 아이의 자존감에 관심을 가져야 한다. 아이의 자존감을 높여 주기 위해서는 칭찬과 격려 그리고 성공 경험이 필요하다. 늘 아이가 잘하는 점에 초점을 맞추어 칭찬하고 격려하자. 이와 함께 아이가 "나도 해냈다"는 성공 경험을 만들어 주자. 이를 통해 아이의 자존감이 쑥쑥 자라난다.

아이의 자존감을 키워 줄 수 있는 말에는 3가지가 있다.

🎤 "사랑해"

대부분의 가정에서 대화가 부족하다. 그 부족한 대화를 한방에 해결하는 것이 적극적인 애정 표현이다. 아이와 스킨십을 하면서 애정 표현을 아끼지 않으면 아이의 자존감이 높아진다. 부모와의 애착이 아이의 자존감에 지대한 영향을 미치기 때문이다.

🎤 "왜냐하면…"

아이에게 무심코 이렇게, 저렇게 하라고 지시나 명령을 하지만 그것을 해야 하는 납득할 만한 이유를 설명하는 부모는 적다. 부모 입장에서는 너무나 당연하지만 아이는 이해하기 어려울 수도 있다. 이유를 모르고 시키는 일에 순종적으로 따르기만 하는 아이는 점차 자발성과 적극성이 떨어진다. 그러므로 자녀에게 일을 시킬 때는 하나하나 그 이유를 설명해야 한다. 그러면 아이는 부모가 시키지 않는 일도 스스로 알아서 척척 해낸다.

🎤 "…를 잘했어", "…해서(라서) 훌륭해"

아이의 강점과 재능에 초점을 두고, 아이가 잘하는 것을 자주 할 기회를 주자. 공부에 흥미가 없지만 정리 정돈이나 청소를 잘하는 아이에게는 방 청소를 시키고 "방 청소를 잘했어"라고 하거나, 게임에만 정신이 팔린 아이에게는 학습 만화를 읽게 하고 "오래 집중해서 훌륭해"라고 말하자. 이외에도 사소한 일 등을 아이에게 시켜서 성공했다는 경험을 주자. 그런 경험이 쌓이면 쌓일수록 아이의 자존감이 튼튼해진다.

상처 주는 말 vs
공감하는 말

"와, 그새 이가 났네요."
"맘마 잘 먹었니?"
"아가야, 까꿍!"

아기는 초록색 담요 위에 누워 있고, 초등학생 아이들이 그 주위에 빙 둘러앉았다. 아기에게 무관심한 아이는 한 명도 없었다. 아이들은 아기의 기분을 맞춰 보고, 또 아기에게 제각각 감정 표현을 했다.

1980년 캐나다 토론토에서 진행되었던 '공감의 뿌리' 수업 시간의 한 장면이다. 이 수업은 3주에 한 번씩 진행되었는데, 그로부터 5년 뒤 놀라운 결과가 나타났다. 이 수업에 참가한 아이들의 공감력이 크게 높아진 것이다. 이 때문에 친구의 마음을 이해하지 못하거나 친구를 때리거나 왕따를 시키는 일이 절반가량 줄어들었다. 아이들은 상대방의 입장을 배려할 줄 알고 또 자신의 감정을 잘 조절할 수 있게 되었다.

메리 고든 박사는 아이들에게 배려심과 공감력이 부족하다는 것을 발견하고 이를 해결하기 위해 이 수업을 고안해 냈는데, 이 수업이 실시되고 난 후 각계 반응은 매우 뜨거웠다.

〈핼리팩스 데일리 뉴스〉는 다음과 같이 보도했다.

"아기가 '또래 괴롭힘 현상'을 막을 수 있을까? 도저히 믿기지 않을지 몰라도 아기를 교실로 초대하는 이 프로그램이 거대한 물결을 일으키고 있다."

토론토대학교 온타리오 교육연구소 소장 마이클 풀란은 말했다.

"'공감의 뿌리' 수업이 진행된 한 학년 동안 또래 괴롭힘 사건이 줄고 다른 유형의 공격 행동도 줄었다는 결과가 나왔다. 이와 더불어 다른 아이들에 대한 공감 수준이 높아졌다. 특히 학교 생활에 적응하지 못하는 친구에게 손을 내미는 아이들도 늘었다."

이 수업을 국내에 소개한 EBS 〈다큐프라임〉 '퍼펙트 베이비'의 김민태 PD는 말했다.

"공감 능력이 높아진 아이는 스스로 자신의 감정을 조절할 수 있게 되면서 학습에 집중할 수 있는 침착한 심리 상태가 된대요. 즉, 인지능력과 도덕성, 감정 발달은 함께한다는 거죠."

메리 고든에 따르면, 이 수업은 자신과 타인 및 사회를 이해하는 데 필요한 6가지 요소를 활용한 과학적인 프로그램이라고 한다. 첫 번째는 신경과학인데, 아이들이 아기와 교감하면서 뇌가 활성화된다는 것이다. 두 번째는 기질인데, 아이들은 아기가 반응하는 기질을 접하면서 자신의 기질에 대해 생각한다고 한다. 세 번째는 애착인데, 아이들은 엄마와 아기 사이의 애착을 관찰하면서 그 애착이 엄마와 아이의 관계를 따뜻하게 만든다는 것을 알게 된다. 네 번째는 감성 능력인데, 아이들이 다른 아이에게 감정을 다양하게 표출하는 능력을 기르게 된다고 한다. 다섯 번째는 진정한 소통인데, 아이들은 수업을 진행하는 선생님의 솔직한 감정 표현을 접하면서 진심 어린 소통을 배우게 된다. 여섯 번째는 사회적 포용인데, 아이들은 타인에 대한 배려와 포용을 익히게 됨으로써 서로 조화롭게 어울릴 수 있는 능력을 배울 수 있다고 한다.

‘공감의 뿌리’ 수업을 통해 알 수 있는 사실은 공감 능력은 타인과의 올바른 관계와 교감을 통해 키울 수 있다는 점이다. 책을 통해서나 유치원과 학교 수업을 통해서는 절대 향상되지 않는다. ‘공감의 뿌리’ 수업에서는 아이들이 돌이 안 된 아기와 친밀한 관계를 맺고 교감하면서 자기를 생각하게 되고 또 타인의 마음을 이해하는 능력을 키울 수 있었다.

부모는 어떻게 아이의 공감력을 키워 줄 수 있을까? 무엇보다 아이와 올바른 관계를 만들어 가야 한다. 이를 위해서는 아이와 공감하는 말이 필요하다. 상황 별로 아이에게 상처 주는 말과 아이와 공감하는 말을 비교해서 알아보자.

🏸 첫째가 둘째를 괴롭힐 때

첫째 민석이는 둘째 경석이에게 엄마의 사랑을 빼앗겼다고 생각해서 자주 경석이를 괴롭힌다.

아이에게 상처 주는 말

엄마: 형이 되어 가지고 이게 무슨 짓이야? 동생을 괴롭히면 되겠어?

민석: 경석이가 내 장난감을 망가뜨렸어요.

엄마: 또 말대답이네. 애가 오냐오냐해 줬더니 버릇이 없어.

민석: 아, 진짜란 말이에요.

엄마: 당장 동생에게 미안하다고 안 할 거야?

아이와 공감하는 말

엄마: 엄마가 경석이만 좋아하는 것 같아 샘이 났어?

민석: 아니란 말이에요.

엄마: 그런데 왜 경석이를 때렸어?

민석: 엄마는 맨날 경석이만 많이 안아 주잖아요.

엄마: (껴안아 주면서) 엄마는 민석이와 경석이를 똑같이 사랑해.

아이는 아직 자신의 감정을 올바로 표현하는 데 서툴다. 부모는 인내심을 갖고 아이의 반응과 표정, 행동에서 그 마음을 읽어 내도록 해야 한다. 급한 마음에 욱하면 아이는 점점 엄마와 거리가 멀어진다.

🎾 아이가 방을 어지럽힐 때

희수가 그림 그리기를 한다고 방을 어질러 놓았다. 바닥이 물로 흥건하고 또 물감이 여기저기 나뒹굴고, 구겨진 도화지가 휴지통에 넘쳐난다. 그런데 희수는 거실에서 TV를 보고 있다.

아이에게 상처 주는 말

아빠: 그림 그리기를 다 했으면 정리를 하고 TV를 봐야지.

딸: 좀 이따 하려고 했단 말이에요.

아빠: 넌 항상 좀 이따 한다고 그래. 당장 못해?

딸: 지금 TV에서 꼭 봐야 할 게 있단 말이에요.

아빠: TV를 꺼야 말 듣겠니?

아이와 공감하는 말

아빠: 너도 아빠 닮아서 정리 정돈하는 걸 싫어하는구나. 우리 함께 방 청소를 해 볼까? 아빠도 정리 정돈하는 습관을 길러 볼까 하는데.

딸: 지금 TV에서 볼 게 있는데 어쩌죠?

아빠: 그건 인터넷으로 재방송을 볼 수 있잖아. 아빠가 이따 찾아 줄게. 자, 방 정리를 하자.

딸: 좋아요.

최대한 아이의 입장을 이해하고 나서 아이의 행동을 유도하자. 또한 아이는 새로운 행동을 하기 쉽지 않으므로 부모가 함께해 보자. 부모가 함께하면 아이는 신이 난다.

🔍 아이가 학습지 문제를 틀릴 때

놀이터에서 공차기를 하다가 돌아온 찬호가 학습지 문제를 푼다. 그런데 자꾸 문제를 틀린다. 찬호가 기죽은 채로 엄마 눈치를 본다.

아이에게 상처를 주는 말

엄마: 또 틀렸네. 그렇게 덤벙거리니까 자꾸 틀리지.

찬호: 네.

엄마: 이 문제는 바보가 아닌 이상 절대 틀리면 안 되는 거야.

찬호: ….

아이와 공감하는 말

엄마: 오늘은 집중이 잘 안 되나 보네?

찬호: 네.

엄마: 왜 집중이 잘 안 되지?

찬호: 놀이터에서 공차기를 많이 해서 힘들어요.

엄마: 그랬구나. 그럼 잠깐 쉬었다가 하자. 그러면 잘할 수 있지?

찬호: 네, 잘할 수 있어요.

아이의 말을 경청하는
4가지 요령

"그런데 마음으로 듣는다는 게 쉽게 이해되는 것 같으면서도 알 수 없는 말입니다."

이토벤은 솔직하게 물었다.

"공자도 나이 육십이 되어서야 귀를 열고 순하게 듣는 이순(耳順)의 경지에 도달했다지 않소. 그러니 세속의 사람들이야 제대로 듣기가 얼마나 어렵겠냐 말이야."

노인은 책장 쪽을 가리키며 말을 이었다.

"마음으로 듣는다는 것은 아마도 입 밖으로 드러나지 않는 말, 즉 소리 없는 소리를 듣는다는 뜻일 게요. 소리 없는 말이 무엇이오? 바로 마음의 소리가 아니겠소? 그래서 장자도 '말없는 무언의 말을 들어야 한다'고 했던 거지."

《경청》(조신영 외 저)에 나오는 이야기다. 주인공 이토벤은 평소 남의 말에 귀를 잘 기울이지 않았다. 그런 그가 청력을 잃으면서 타인의 말에 귀를 기울이며 타인과 진심 어린 소통이 이루어지는 경험을 한다. 이와 함께 한 노인으로부터 경청의 힘에 대한 가르침을 받는다. 노인이 전해 준 가르침의 핵심은 '마음을 비우고 들을 준비가 되어야만 상대가 진실을 들려준다'는 것이다.

경청은 '귀 기울여 들음'을 뜻하는데, 의사소통에서 경청은 말하기 이상으로 중요한 요소다.

다른 사람의 말을 신중하게 듣는 습관을 기르라. 그리고 가능한 한 말하는 사람의 마음속으로 빠져들도록 하라.
- 마르쿠스 아우렐리우스

다른 사람의 이야기를 진지하게 들어주는 경청의 태도는 우리가 다른 사람에게 나타내 보일 수 있는 최고의 찬사 가운데 하나다.
- 데일 카네기

경청이 기술이라고 생각하지 않는 사람들은 그들 자신이 반만이라도 할 수 있나 시험해 봐야 한다.
- 미하엘 엔데

아이의 말을 잘 경청하고 있는가? 이제 막 옹알이를 하는 아이라서, 혹은 제대로 의사전달을 못하는 아이라서, 천방지축 뛰어다니는 말썽꾸러기 아이라서 아이의 말에 귀 기울이는 것을 깜박하지는 않는가? 아직 심신이 미약한 아이의 말은 귀담아들을 필요가 없다고 생각하지 않았는가? 하지만 이것은 중요한 것을 놓치는 것이다. 아이는 자신의 말과 자신의 마음을 잘 들어주는 부모를 필요로 한다.

어릴 때부터 호기심 많고 표현력이 발달한 나는 항상 말이 많았다. 식사 시간에도 책이나 TV를 보며 궁금했던 것, 친구와 재미있게 놀았던 일, 엄마와의 약속을 잘 지킨 일 등을 떠들어 댔다. 그러면 과묵한 아빠는 항상 이렇게 말했다.

"밥 먹을 땐 떠드는 거 아니야!"
"어른 이야기할 때는 끼어들지 마."
"알았으니까 밥이나 먹어!"

이런 말을 들으면 기가 팍 죽었다. 평소 활발한 성격인 나도 제대로 숨을 못 쉴 지경이었다. 그런데 다행히 엄마는 아빠와 달랐다.
"왜 그러세요? 아이가 얘기하는 걸 들어봐야죠."
그러면서 엄마는 내 말에 귀 기울여 주었다. 엄마는 아빠가 없는 자리에서는 내가 무슨 이야기를 하더라도 잘 들어주었다. 엄마의 모토는 '즐겁게, 즐겁게 살아라'였다. 그래서 내가 시도 때도 없이 "이건 뭐예요?", "내 친구가요…", "책에서 이런 게 나왔는데…"라고 말하면 귀찮아하는 기색 없이 다 들어주었다. 내 말을 잘 들어주는 엄마가 있어서 나는 내 의사를 적극적으로 표현하는 습관을 기를 수 있었다. 또한 나는 타인의 말을 잘 들어주는 습관을 통해서 타인과의 의사소통을 원만하게 할 수 있었다. 나는 친구들 사이에서 잘 공감하는 아이로 통했다.

"수향이는 항상 내 말을 잘 들어줘. 그래서인지 어쩜 그렇게 내 마음을 잘 이해하는지 몰라."

타인과 공감을 잘하는 아이, 타인과 의사소통을 잘하는 아이로 키우려면 어떻게 해야 할까? 부모는 아이를 무시하여 말을 자르거나 지시하는 것이 아니라 아이의 말을 경청하는 자세를 가져야 한다. 그런 부모 밑에서 아이는 경청하는 습관을 기를 수 있고, 부모의 마음과 선생님, 친구의 마음을 읽고 배려하고 공감하는 능력을 배양할 수 있다. 경청은 말하기의 기본이며, 몇 백 마디의 이상의 효력을 갖고 있음을 기억하자.

부모가 실천해야 할 경청의 요령은 4가지다.

🔍 하던 일을 멈추고 아이 말에 집중하기

아이의 의사표현 능력이 떨어진다고, 혹은 아이가 아직 어리다고 해서 아이 말을 무시하거나 건성으로 듣는 경우가 있다. 아이가 옹알이하면서 무언가를 말하려고 하는데도 관심을 갖지 않는 경우도 있다. 아이는 성인처럼 완벽하게 의사 표현을 하지 못하더라도 자신의 뜻을 전하려 애쓴다. 아이의 손짓발짓, 표정 등을 면밀히 살피면서 아이의 마음을 읽도록 노력해야 한다. 또한 아이가 말을 할 때는 반드시 얼굴 정면을 바라보면서 듣자. 이런 과정에서 아이는 부모가 자신의 말을 귀담아듣는다는 사실을 확인한다.

🔎 맞장구치면서 아이의 말 듣기

어른들도 자신의 말에 누군가 "정말?", "와", "대단한 걸" 등의 감탄사를 연발하면 흥이 나고 그가 내 말을 잘 들어준다는 인상을 받게 된다. 아이는 더욱 그렇다. 아이가 사과가 맛있다고 말하면, "오, 사과 맛있어?"라고 하고, "기분이 안 좋아요" 하면, "저런, 왜 그럴까?"라고 맞장구를 쳐 주자. 이렇게 하면 아이는 흥이 나서 부모에게 자꾸 이야기를 하고 싶어 한다.

🔎 아이가 말하는 도중에 끼어들지 않는다

아이는 몇 마디조차 조리 있게 말하기 힘들다. 그런데 부모가 중간에 끼어들면 자신이 하고자 하는 이야기의 맥락을 잃어버릴 수 있다. 무엇보다 말하고자 하는 의욕이 꺾이게 되고, 말하는 것에 불안을 느낄 수 있다. 가능하면 절대 아이의 말을 자르지 말자.

🔍 **아이에게 들은 내용을 확인하기**

때때로 아이의 말을 정확히 이해하지 못해 아이의 진심을 알아차리지 못하는 경우가 많다. 따라서 아이가 말을 다 끝내면 아이의 마음에 초점을 두고 "…라고 한 거 맞지?"라고 물으며 확인하자. 반드시 아이가 고개를 끄덕이는 것을 확인하자. 이와 함께 잘 알아듣지 못한 것이 있다면 건성으로 넘기지 말고 "…는 무슨 말이야?"라고 물어서 그 내용을 확인하자.

아이와 싸우지 말고
협상하라

"밥 먹기 싫어. 아이스크림 먹을래."

"게임 더 하고 나서 학습지 할래."

"어린이집 싫어. 안 갈래."

아이가 갓 태어난 지 얼마 안 되었을 때만 해도 부모는 세상의 모든 것을 다 가진 듯 행복해한다. 하지만 아이가 자라면서 이것저것 요구하고 떼를 쓰기 시작하면 부모의 스트레스는 커져 간다.

보통 1~2세 아이는 배고픔, 아픔, 슬픔, 공포 등으로 인한 본능적인 요구를 하고, 2~3세 아이는 말을 조금씩 배우면서 엄마의 사랑을 확인하는 차원의 요구를 하며, 3~4세 아이는 부모의 의지를 꺾어 자신이 원하는 대로 바꾸려는 요구를 한다. 이런 아이에게 부모는 어떻게 대응하는가? 보통은 이렇게 대응할 것이다.

아이: "밥 먹기 싫어. 아이스크림 먹을래."
부모: "아이스크림은 밥 먹고 나서 준다고 했잖아. 왜 말을 안 들어? 빨리 밥 안 먹어?"

아이: "게임 더 하고 나서 학습지 할래."
부모: "너 자꾸 그러면 혼난다."

아이: "어린이집 싫어. 안 갈래."
부모: "어휴, 못 살아. 너 때문에 출근을 못하잖아. 떼쓰지 마."

다음과 같은 일방적인 말들은 아이와 부모 사이의 갈등 해결에 아무런 도움이 되지 않는다.

명령과 지시: "~해야 해", "너는 꼭 ~"
경고와 위협: "~하면 혼난다", "만약 ~하지 않으면 그땐…"
훈계와 설교: "착한 아이는 ~하는 거예요", "오늘 네가 할 일은… "

이런 말은 갈등을 더욱 증폭시킬 뿐이다. 이런 말들로 인해 아이는 아이대로 더 거세게 자기 고집을 피우고 부모는 또 부모대로 욱하다가 손찌검까지 한다. 이렇게 해서 아이와 부모 사이에는 시도 때도 없는 싸움이 일상화되고 만다.

그래서 필요한 것이 협상이다. 대체로 3세 정도의 아이면 부모와 협상할 수 있는 능력을 갖추었다고 본다. 이 나이 때가 되면 아이의 협상 능력을 살펴보고, 그에 맞게 슬기롭게 협상을 해 보자. 아이와의 협상이 쉽지 않기 때문에 제대로 협상을 하기 위해서는 무엇보다 부모의 욱하는 감정을 잘 조절하는 것이 중요하다. 부모가 자기 감정을 잘 통제해, 슬기롭게 아이와 협상을 한다면 협상의 큰 효과를 얻을 수 있다. 대표적으로 협상의 효과는 4가지다.

부모와 아이의 관계가 좋아진다

부모가 자신의 요구에 귀 기울여 준다는 것을 인지하면, 아이는 부모에게 호감을 갖는다. 아이는 자신의 요구가 타당하기만 하면 언제든지 부모가 협상을 통해 그 요구를 들어준다는 믿음을 갖는다. 또한 아이는 부모로부터 한 인격체로 대우받는다는 것을 알기 때문에 부모와 원만한 관계를 맺는다.

스스로 만든 규칙을 더 잘 지킨다

아이는 협상 과정에서 규칙을 정할 때 자신이 동의했기 때문에 그에 대한 책임감을 갖는다. 부모의 일방적인 지시와 달리, 자신과 부모가 함께 만든 규칙은 더욱 잘 준수한다.

최선의 해결책을 찾을 수 있다

협상은 다른 의견을 가진 당사자들이 최선의 해결책을 찾는 과정이다. 어느 한쪽이 크게 손해 보거나 크게 이익을 보는 일이 없다. 서로 이익을 보는 것이 협상의 목적이다. 따라서 아이와 협상을 하는 과정에서 부모는 미처 생각지 못했던 묘안, 곧 부모도 아이도 이익을 얻는 지혜로운 해법을 생각해 낸다.

아이의 자존감이 높아진다

부모와 대등한 자격으로 대화를 통해 문제를 해결하는 과정에서 아이의 자존감이 향상된다. 늘 지시받고 위협당하는 아이와 달리, 협상 테이블에 앉은 아이는 무엇이든 잘 표현하고 항상 행복하다.

그러면 어떻게 하면 아이와 효과적인 협상을 할 수 있을까? 세계적인 협상 전문가 로랑 콩발베르는 《아이와 협상하라》에서 아이와의 성공적인 협상 요령 7가지를 말한다. 그는 프랑스 경찰특공대에서 전문 협상가로 활약한 경험을 바탕으로 아이와의 협상 방법을 소개했다. 이 방법은 가정에서 매우 강력한 효과를 발휘할 것이다.

첫째, 소통하고 진심으로 경청하라

협상의 시작은 상대방의 마음을 듣는 데 있다. 부모 자신의 입장만 생각하지 말고, 아이의 입장이 되어 아이의 진심을 살펴봐야 한다. 이런 행동 자체로 아이는 꼭꼭 걸어 잠근 마음의 문을 열어젖힌다.

둘째, 권한과 권위를 구분하라

협상을 부모가 주도해야 한다거나, 협상에서 부모의 권위를 관철시켜야 한다는 생각은 잘못이다. 협상 테이블에서 부모와 아이는 일대일의 관계다. 부모가 부모의 권한으로 위압적인 권위를 행사하면 정상적인 협상이 불가능하다.

셋째, 협상의 범위를 정하라

아이는 이해력과 인지능력이 떨어지기 때문에 협상을 하다가 종종 엉뚱한 곳으로 빠지는 경우가 있다. 따라서 부모는 아이가 다른 곳으로 빠지지 않고 협상의 중심을 잘 유지하도록 코치해야 한다. 실은 부모 또한 마찬가지다. 감정이 격해지면 협상의 범위를 벗어나기 일쑤다. 협상의 범위를 절대 벗어나지 말자!

넷째, 협상 불가능한 사항은 단호하게 거절하라

모든 것이 협상의 대상이 되는 것은 아니다. 안전, 건강, 예의범절의 경우에는 협상의 여지가 없다. 아이가 이런 사항에 대해 협상하고자 할 때는 단호하게 거절하자. 그래야 아이는 협상을 할 수 없는 매우 중요한 범주가 있다는 것을 깨우친다.

다섯째, 협상 관계자들과 미리 협상하라

종종 할아버지와 할머니가 아이의 편이 되는 바람에 어렵사리 협상한 규칙이 허물어지는 일이 있다. 친척이나 이웃 또한 아이의 편이 되어 규칙을 무용지물로 만들어 버린다. 따라서 협상을 할 때는 이와 관련된 사람들에게 모두 알리고, 그 협상 결과를 함께 지켜 달라고 요청하자.

여섯째, 협상의 본질보다 형식에 집중하라

아이는 협상하는 과정에 자신에게 선택권이 부여되면 몹시 좋아한다. 자신의 의지로 무엇을 할 수도 있고 또 무엇을 안 할 수 있다는 사실이 자존감을 높여 주기 때문이다. 아이가 책상 정리를 하는 것이 본질이라면, 점심을 먹고 하는 것이 것이 좋을지 영어 학원이 끝나고 하는 것이 좋을지는 형식에 해당한다. 아이에게 형식에 대한 결정권을 부여함으로써 부정적인 생각을 줄일 수 있다.

일곱째, 협상 이전에 긍정적 관계를 유지하라

평소 아이를 한 인격체로 존중하는 대화 습관이 전제되어야 한다. 그래야 아이는 협상에 적극적으로 나선다. 매사에 부모로부터 무시당하고, 또 부모와의 대화도 거의 없던 아이에게 "협상하자"는 말은 무척이나 당황스러울 것이 분명하다.

아이를 춤추게 하는
5가지 칭찬 기술

"이 학생들은 지적 능력과 학업성취 능력 향상 가능성이 매우 높습니다."

하버드대학교 사회심리학과 로버트 로젠탈 교수는 초등학교 교사에게 학생 명단을 건네며 말했다. 그 명단은 해당 초등학교 전교생을 대상으로 지능 검사를 한 후, 한 반에서 무작위로 뽑은 20퍼센트 학생의 명단으로, 실제로 이 학생들은 로버트 로젠탈 교수가 한 말과 아무런 연관성이 없었다.

8개월이 지난 후 지능 검사를 하자 놀라운 결과가 나왔다. 명단에 속한 학생들이 다른 학생들에 비해 평균 점수가 높게 나왔고 성적이 크게 향상되었다. 이를 어떻게 설명해야 할까? 로버트 로젠탈 교수는 말했다.

"교사의 기대와 칭찬으로 인해 학생들에게 좋은 결과가 나타났습니다."

이렇게 해서 생긴 말이 '로젠탈 효과'인데, 여기에서 중요한 것은 다름 아닌 칭찬이다. 실제로 칭찬의 위력은 대단하다. 세계적인 인간관계 전문가 데일 카네기는 '리더가 되는 9가지 방법'에서 칭찬을 두 번이나 강조한다. (1)칭찬과 감사의 말로 시작하라. (6)아주 작은 진전에도 칭찬을 아끼지 말라. 또한 진전이 있을 때마다 칭찬을 해 주라. 동의는 진심으로, 칭찬은 아낌없이 하라.

과연 칭찬이 얼만큼 큰 위력을 발휘할까. 평범한 사람을 위대한 인물로 만든 2가지 사례를 살펴보자. 자칫 자신감을 상실해 성취 동기를 잃을 뻔한 이들을 오늘날 세계적인 리더로 만든 것은 바로 칭찬이다.

발레리나 강수진. 그녀가 발레를 시작한 것은 중학교에 들어가면서부터였다. 초등학교 때 한국무용을 했던 그녀는 당연히 먼저 시작한 친구들을 따라갈 수 없었다. 반에서 제일 뒤처지자 점차 그녀는 꿈을 잃어 갔다.

"난 잘하는 게 하나도 없어."

이런 그녀의 옆에 외국인 발레 선생님 캐서린 베스트가 있었다. 그녀는 강수진에게 말했다.

"수진이는 팔다리가 길고 예뻐서 조금만 노력하면 멋진 발레리나가 될 수 있어. 넌 열심히 하고 있어. 남보다 늦게 시작했으니 조금 늦게 네 진가가 드러날 거라고 봐."

이런 칭찬에 힘입어, 그녀는 더욱 열심히 발레 연습을 했다. 그녀는 캐서린 베스트 선생님으로부터 칭찬을 받는 것이 너무나 좋았다. 점점 기량이 좋아진 그녀는 동양인 최초로 독일 슈투트가르트 발레단에 입단하였고, 마침내 세계적인 발레리나로 우뚝 설 수 있었다.

경영인 잭 웰치. 그는 어릴 때 말 더듬는 버릇 때문에 친구들에게 놀림을 당했다. 주눅 든 그에게 어머니가 말했다.

"네 두뇌 회전이 워낙 빨라서 혀가 따라가지 못하는 거야. 말을 더듬는다는 건 그만큼 네가 똑똑하다는 거 아니겠어? 너는 머리가 비상하니까 앞으로 큰일을 할 거야."

이처럼 긍정적인 면에 초점을 맞추어 칭찬을 해 주었다. 이런 칭찬을 들으며 자란 그는 멋진 리더로 성장하여 세계적인 기업 GE의 회장이 될 수 있었다.

하지만 아무리 좋은 칭찬이라고 해도 제대로 사용하는 것이 중요하다. 때때로 칭찬은 해가 될 수도 있다. 역효과를 불러일으키는 칭찬은 3가지다.

첫 번째는 "넌 똑똑해"와 같이 부담을 주는 칭찬이다. 아무런 근거 없이 습관적으로 또는 건성으로 하는 이런 칭찬은 순간적으로 아이의 기분을 좋게 할 수는 있겠지만 실제로는 아이에게 부담을 준다. 매사에 똑똑하다는 평가를 받아야 한다는 생각에 심한 압박감을 가지게 된다.

두 번째는 "옆집 민수는 이것도 못한대"식의 비교하는 칭찬이다. 이는 비교하면서 야단치는 것 못지않게 나쁘다. 아이는 자신에게 초점을 맞춘 칭찬을 받길 원한다.

세 번째는 "심부름 잘했으니까 착하다. 용돈 줄게"와 같은 보상형 칭찬이다. 이런 칭찬은 어느 정도 선에서는 상관없지만 모든 칭찬에 보상을 포함시키는 것은 좋지 않다. 그렇게 될 경우 아이에게는 보상을 받기 위해 칭찬받을 일을 해야 한다는 생각이 자리잡는다. 아이는 더 이상 자발적으로 좋은 일을 하지 않게 된다. 칭찬은 자발적으로 어떤 일을 수행하거나 성취했을 때 얻어진다는 것을 아이가 배워야 한다.

그렇다면 어떻게 칭찬하는 것이 좋을까? 자신감과 성취동기를 높여 주어, 아이를 춤추게 하는 칭찬의 기술 5가지를 알아보자. 칭찬을 많이 받은 아이일수록 무슨 일이든 스스로 할 수 있다는 자신감이 강하며, 목표의식을 갖고 중도에 포기하지 않는 성취 동기가 높다.

🏸 즉시 칭찬하라

아이는 무엇 때문에 칭찬을 받는지 잘 알지 못하는 경우가 있다.

따라서 아이가 사소한 일에서라도 칭찬받을 일을 했다면 그 즉시 칭찬을 하자. 그러면 그때그때마다 아이의 머릿속에 어떻게 하면 칭찬을 받는다는 것이 각인되고, 또 아이는 칭찬을 받는 일을 자주 하려고 한다.

🎤 사소한 것도 칭찬하라

"칭찬하려고 해도 칭찬할 게 없어요"라고 말한다면 이는 오해다. 부모에게 칭찬 습관이 배어 있지 않기 때문이다. 거창한 일, 눈에 띄는 일만 칭찬하는 것이 아니다. 아이가 좋아하고, 잘하는 것을 찾아보자. 형제와 사이좋게 놀 경우, 노래를 잘할 경우, 편식을 하지 않을 경우, 일찍 자고 일찍 일어날 경우 등 찾아보면 수도 없이 많다. 부모는 항상 준비된 상태에서 아이에게 칭찬을 해 주자.

🎤 구체적으로 칭찬하라

"넌 똑똑해"와 같은 칭찬이 구체적이지 않은 칭찬이며, 그래서 역효과를 나타낸다는 것은 앞에서 확인했다. 이와 달리, "혼자서도 울지 않아서 착해", "음식 흘리지 않고 먹어서 예쁘구나", "글씨를 잘 썼네"처럼 구체적인 사항에 대해 칭찬을 하자. 아이는 칭찬을 못 받을 수 있다는 부담감을 전혀 느끼지 않고 자발적으로 칭찬받을 일을 하게 된다.

🔍 말로만 칭찬하지 말라

아이에게 칭찬을 하려면 말만으로는 부족하다. 아이가 칭찬의 의미를 느끼려면 그 이상의 것이 요구된다. 환한 표정을 짓고, 아이 등을 토닥토닥 해 주거나 꼭 안아 주면 어떨까? 이와 함께 가끔씩은 보상을 해 주자. 특별한 행동과 성취에 대해 보상을 받은 아이는 더욱 잘하려고 분발한다.

🔍 결과보다 과정을 칭찬하라

미국 스탠퍼드대학교 사회심리학자 캐롤 드웩 교수는 초등학생을 대상으로 흥미로운 실험 결과를 내놓았다. "노력에 대해 칭찬을 받은 아이들은 시험 성적이 30퍼센트가 올랐지만, 지능이나 재능에 대해 칭찬을 받은 아이들은 오히려 성적이 20퍼센트나 떨어졌다." 따라서 "넌 똑똑하니까 노력하면 1등 할 거야", "너는 머리가 아주 좋아"와 같은 말 대신에 "넌 열심히 했어", "넌 항상 최선을 다하는구나"처럼 과정에 초점을 둔 칭찬이 아이에게 좋다. 칭찬은 아이가 좋은 결과를 내든 못 내든 상관하지 말고 오로지 과정에 초점을 두어야 한다.

'잔소리' 대신
수평적 '대화'를

엄마가 거실 청소를 하고 있다. 4세 아이가 엄마를 도와주겠다고 하자 엄마는 아이에게 가만히 있으라고 한다. 눈동자를 이리저리 굴리다가 아이는 탁자 위에 있던 컵을 주방으로 들고 간다. 조금 뒤 소파 밑으로 청소기를 돌리던 엄마는 갑자기 컵이 깨지는 소리를 들었다. 엄마가 놀라서 아이를 바라본다.

a) 아이에게 잔소리하는 경우

아이: "엄마, 잘못했어요. 도와주려다가 실수했어요."

엄마: "그새 또 일을 냈네. 그래서 내가 가만히 있으라고 하지 않았어? 왜 칠칠치 못하게 컵을 떨어뜨려! 너 때문에 내가 못살아. 거기

있지 말고 어서 이쪽으로 와. 유리 조각에 찔리기라도 해서 일을 크
게 벌이지 말고."

b) 아이와 대화하는 경우

아이: "엄마, 잘못했어요. 도와주려다가 실수했어요."

엄마: "아휴, 조심하지. 거기 있으면 위험하니까 이쪽으로 오렴. 도
와주려고 하는 네 마음은 고마워. 하지만 엄마는 네가 엄마의 말을
꼭 지켜 줬으면 좋겠어. 엄마가 가만히 있으라고 할 때는 절대로 딴
짓하지 말고 가만히 있어야 돼. 알았지?"

a)와 b)에서 엄마가 건넨 말은 분명히 다르다. a)에서 엄마가 한
말은 자신의 입장에서 욱한 감정으로 필요 이상의 듣기 싫은 말을
쏟아낸 '잔소리'다. b)에서 엄마가 한 말은 아이의 입장을 헤아리는
'대화'다. 같은 상황이지만 이를 대하는 엄마의 말이 천지 차이임을
알 수 있다. 아이들은 잔소리를 한 귀로 들어서 한 귀로 흘려보내지
만, 수평적인 대화를 통해서는 자신을 되돌아본다. 따라서 같은 상황
에서 잔소리하기보다는 요령껏 대화를 이어 가는 것이 필요하다.

특히 잔소리는 아이의 두뇌에 몹시 안 좋은 영향을 끼친다는 걸
잊지 말자. 미국 피츠버그대학교 의대와 UC버클리, 하버드대학교
공동 연구팀이 14세 청소년 32명을 대상으로 어머니의 잔소리를 녹

음한 음성을 들려주고 뇌 활성도를 측정했다. 그 결과는 놀라웠다. 감정을 조절하는 전두엽과 타인의 관점과 사고방식을 이해하는 두정엽과 측두엽의 접합부의 활성도가 떨어지는 것으로 나타났다. 이를 통해 부모의 잔소리는 아이의 사회성을 담당하는 두뇌 기능을 크게 떨어뜨려 타인에 대한 공감 능력과 소통 능력에 나쁜 영향을 미친다는 사실을 알 수 있다. 이 연구는 청소년을 대상으로 했지만, 충분히 어린아이에게도 적용될 수 있다고 본다.

따라서 감성지수 높은 아이 곧 타인에게 잘 공감하고 또 타인과 잘 어울리는 아이로 키우고자 한다면 백해무익한 잔소리를 금해야 한다. "형이 동생한테 이러면 되겠어?", "넌 하는 짓마다 말썽이야", "네가 뭘 안다고, 입 다물어" 등의 잔소리를 아이에게 무심코 자주 하지 않는가? 그 순간에는 감정이 폭발해서, 또 경황이 없어서, 따끔하게 혼내려고 등 갖가지 변명이 있을 수 있다. 그러나 이런 잔소리는 아이의 감성지수를 떨어뜨릴 뿐이다.

그런데 부모는 자신이 어느 상태인지를 잘 인지하지 못한다. 잔소리를 많이 하는 쪽인지 아니면 아이와 수평적 대화를 많이 시도하는 쪽인지 잘 파악하지 못한다. 아래 항목에 자신이 많이 해당된다면 잔소리를 많이 하는 유형이다.

아이가 나에게 자신의 생각을 잘 이야기하지 않는다.
나는 아이를 대할 때 자주 답답하다.

아이 때문에 화가 날 때는 참지 못하고 폭발해 버린다.

아이의 말을 건성으로 듣는다.

아이에게 선택의 기회를 주기보다는 강요한다.

아이의 감정을 잘 이해하기 위해 노력하지 않는다.

나의 감정을 차분하게 잘 설명하지 않는다.

그렇다면 어떻게 잔소리를 피하고 수평적인 대화를 할 수 있을까? 우선 말의 초점을 '너(아이)'에게 두지 말고 '나(부모)'에게 두는 것이 필요하다. 세계적인 임상 심리학 박사 토머스 고든은 자기표현 기술법에는 '너 전달법'과 '나 전달법'있다고 했는데, 잔소리는 '너 전달법'에 해당한다. 이는 비꼬고, 지시하고, 비판하고 경고하는 의도를 보이는데, 이런 전달법을 접한 아이는 엄마는 '내 마음을 전혀 이해하지 않는구나. 나를 나쁜 사람으로 생각하는구나'라고 생각할 뿐이다. 더 나아가 아이는 자존심이 상하고 죄의식을 갖게 되고 또 반항적이며 공격적 태도를 보임에 따라 결국 자신의 행동에 대해 반성하기를 거부한다.

따라서 '나(부모)'에 초점을 둔 '나 전달법'으로 의사를 표시하자. 아이가 잘못을 하면, 그로 인한 '나(부모)'의 기분을 말하자. 가령, 아이가 유치원에 가지 않는다고 떼쓰면, "네가 유치원에 가지 않겠다고 하니 엄마가 너무 속상하다"라고 말하자. 이렇게 하면 아이가 엄마가 자신을 걱정하고 있다는 것을 확인할 수 있다. 이러한 '나 전달법'은 부모와 아이의 관계를 잘 유지시켜 주면서 아이가 부모의 기분을 잘 수용하여 자발적으로 자신의 문제를 해결하도록 노력하게 만든다. 이러한 '나 전달법'이 아이와의 수평적인 대화를 이끌어 낼 수 있는 비결이다.

다음은 잔소리를 수평적 대화로 바꾼 예다. 이를 잘 참고하여 부모가 아이의 감성지수를 위해 마음과 마음이 통하는 대화를 실천에 옮겨 보자.

🔍 게임에만 열중할 때

아이가 하라는 학습지는 안 하고 게임에 열중이다. 요즘 자나 깨나 게임기를 손에서 놓지 않는다.

잔소리

"또 게임이니? 너 게임 중독 아니야? 대체 커서 뭐가 되려고 그래? 너 때문에 속 터진다."

수평적 대화

"자꾸 게임만 해서 엄마가 속상하네. 엄마는 네가 정해진 시간에만 게임을 했으면 좋겠어. 공부할 때는 공부하기로 엄마와 약속하자."

🔍 마트에서 소란을 피울 때

아이가 마트에서 뛰어다니며 장난을 친다.

잔소리

"제발 얌전히 있어. 너 때문에 창피해 죽겠다. 집에 가서 혼날 줄 알아."

수평적 대화

"사람 많은 데서 뛰어다니면 다른 사람에게 피해가 되잖아. 엄마는 네가 다른 사람을 배려하는 아이로 알고 있어."

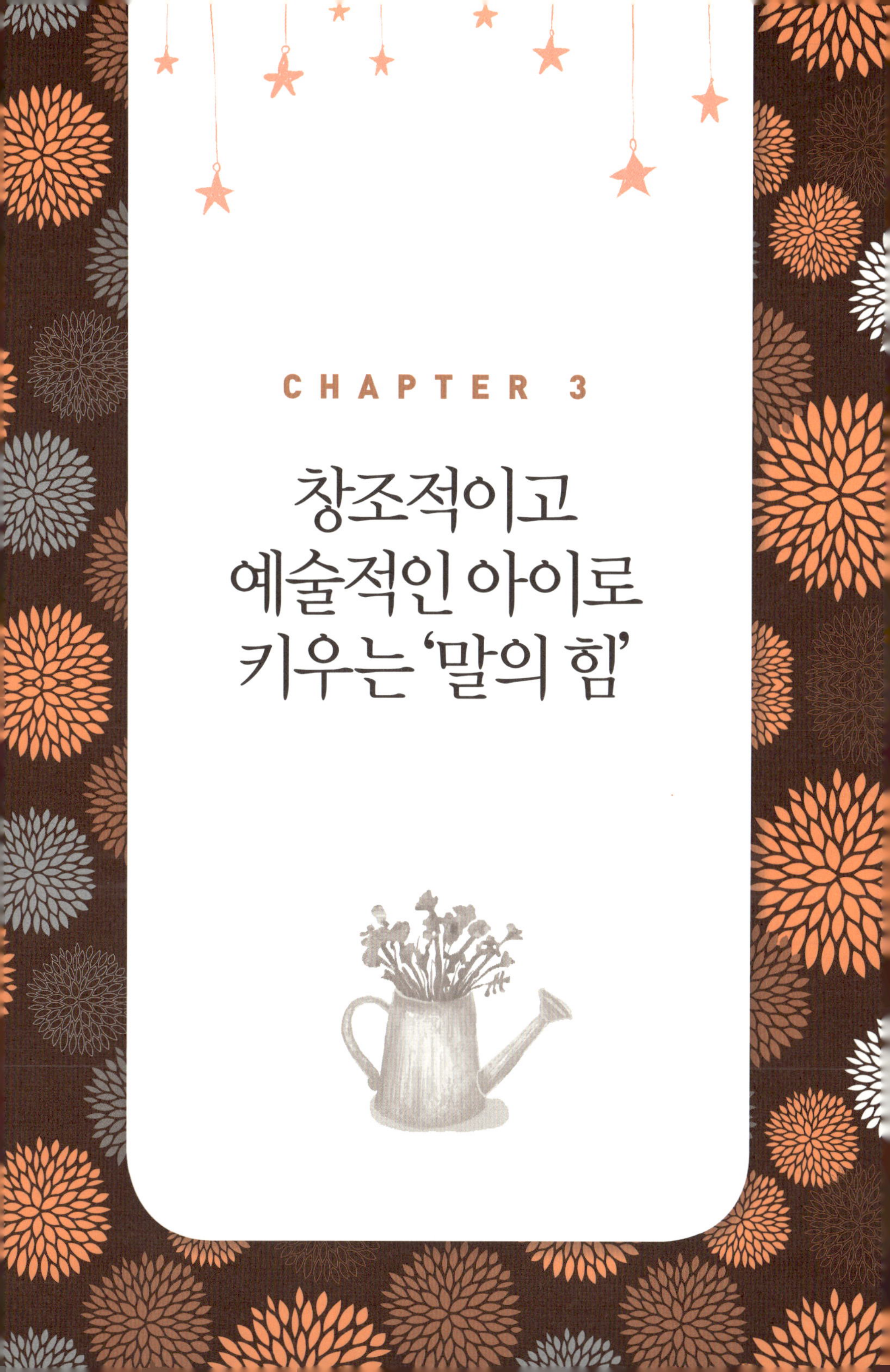

창조적이고 예술적인 아이로 키우는 '말의 힘'

"왜요?"라는 질문을
많이 하는 아이에게는

"아이 때문에 유치원에서 전화가 왔어요. 아이가 네 살인데 계속 '왜요? 왜요?' 하면서 질문을 끝없이 한다고요. 다른 아이들에 비해 성가실 정도로 질문을 많이 한다고 합니다. 실은 아이가 집에서도 그래요. 저도 아이의 질문에 답해 주다가 너무 심하니까 귀찮아졌어요. 그래서 그만하라고 윽박지르기도 해요. 혹시 우리 아이에게 이상이 있는 것은 아닌지 걱정 되네요."

얼마 전, 나의 '가족 내의 소통법' 강의가 끝나자 한 젊은 주부가 다가와 말했다. 그녀는 마음고생 때문인지 표정이 어두웠다.

"아이가 질문을 퍼부을 땐 어떻게 대하는 게 좋을까요?"

"그건 부모와 자녀의 대화법에 속하는 것이니만큼 제가 좋은 처방을 드릴 수 있겠네요."

아이가 질문을 하는 것은 매우 정상적인 행동이다. 아이들은 사고력이 발달함에 따라 "왜요?"라는 질문을 많이 하게 된다. 이때의 아이는 사물과 현상의 인과관계 및 논리성을 따지는 질문을 많이 한다. "하늘은 왜 파란색이에요?", "물고기는 어떻게 숨을 쉬어요?", "비행기는 어떻게 하늘을 날아요?", "왜 하늘에서 비가 떨어져요?", "아기는 어떻게 생겨요?", "아빠는 왜 회사에 나가요?", "왜 공부를 해야 해요?" 등 어른도 감당하기 쉽지 않은 질문을 한다. 그것도 쉬지 않고 말이다.

이렇게 아이가 질문을 하는 이유는 바로 호기심 때문이다. 사물과 현상에 대해 궁금하기 때문이다. 아이가 질문을 많이 한다면 그만큼 호기심이 왕성하고 사고력이 높다는 의미로 받아들여야 한다. 호기심 많은 아이는 자기주장을 잘 펼치며 탐구심이 매우 강하다. 이처럼 호기심 많고 질문을 잘하는 아이는 나중에 탁월한 창의성을 발휘할 가능이 많다.

발명 천재 에디슨을 만든 것은 바로 호기심이다. 어릴 때 호기심 많은 그가 달걀을 품었던 일화는 유명하다. 라이트 형제도 '새는 어떻게 하늘을 날 수 있을까?'라는 호기심을 갖고 세계 최초로 비행에 성공했다. 또한 침팬지의 어머니 제인 구달은 동물에 대한 호기심이 많아서 닭이 어떻게 알을 낳는지 궁금해 닭장에 몰래 들어가 닭이 알을 낳는 과정을 지켜보았다. 이런 호기심이 그녀를 탁월한 침팬지 연구가로 만들었다.

세계적인 물리학자 아인슈타인은 자신은 특별한 재능을 가지고 있지 않으며 또한 수학도 잘하지 못했다고 말했다. 그렇다면 무엇이 그를 위대한 과학자로 만들었을까? 그에게는 시간과 공간이 왜 서로 분리된 개념이어야 하는가에 대한 강한 질문이 있었다. 이를 토대로 상대성 이론을 제창했다. 그는 말했다.

"나는 천재가 아니다. 다만 호기심이 많을 뿐이다."

IT의 황제, 스티브 잡스는 어떨까? 그는 어릴 때부터 기계에 대한 호기심이 많아서 라디오, 냉장고, 자동차를 뜯어 보았다. 이를 발판으로 애플을 설립해 애플 컴퓨터를 만들고 난 후 아이폰을 세상에 내놓았다. 그는 자신의 성공 원동력에 대해 이렇게 말했다.

"호기심과 직관만을 따라 저질렀던 일들이 시간이 지나서는 값진 경험이 됐습니다."

김성근 서울대학교 자연과학대학 학장은 창의성을 위해 질문을 중요시한다. 한때 노벨상 수상 가능성이 많은 과학자로 주목받았던 그는 이렇게 말했다.

학생 때부터 질문을 두려워하지 않고 창의성을 가진 인물로 키워야 한다. 중요한 것은 답이 아니라 문제를 찾는 것이다. 문제는 문제의식이 있어야 찾을 수 있고 이는 질문에서 나온다.

따라서 창의력이 뛰어난 아이를 원한다면, 아이의 질문에 잘 대처해야 한다. 바쁘다는 핑계로, 성가시다는 이유로 아이의 질문을 무시하면 안 된다. 미국의 육아 사이트 'ZERO TO THREE'에 따르면, 아이의 호기심을 키워 주기 위해서는 8가지 요령이 필요하다고 한다. 이를 잘 참고해 아이의 창의성을 높여 주자.

1. 아이들에게 부모가 추구하는 관심사에 대해 보여 준다.
2. 아이들이 이끄는 대로 따라 한다. 아이들이 음악을 좋아하면 같이 악기를 연주하고, 춤을 좋아하면 같이 춤을 춘다.
3. 아이들의 발전 단계에 맞춰 질문에 명확하고 간결하게 답해 준다. 만약 답을 모르면 솔직히 모르겠다고 말한다. 아이들에게 모든 질문에 대한 대답을 하지 못해도 괜찮다.
4. 도서관을 이용하라. 책은 호기심에 빛을 밝혀 줄 모든 세계가 담겨 있는 창이다. 무슨 책을 보는지가 중요한 것이 아니고 아이들의 흥미가 유발되었다는 것이 중요하다.
5. 옳고 그름을 가리는 질문이 아닌 열린 질문을 하도록 유도하여 사고가 발전될 수 있도록 도와준다.
6. 아이들이 주변에 흥미를 가질 수 있도록 다양한 환경에 노출시킨다.

7. 아이가 호기심을 가지고 흥미 있어 하는 것을 안전하고 수용
가능한 방법으로 탐색할 수 있도록 도와준다. 아이가 식사 중
에 바닥에 물을 붓고 싶어 한다면 식사를 끝낸 뒤 놀이터든 화
장실이든 데려가서 실제로 해 보게 하자. 문제 해결 능력과 창
의성을 기를 수 있다.

8. 다양하게 활용 가능한 활동을 하게 하라. 정해진 대로 하는 놀
이(조립 장난감)가 아닌 상상력을 자극할 수 있는 놀이(물감 놀이
등)를 하게 하자.

아이의 질문에 부모는 어떻게 말을 하면 좋을까?

🎾 아이의 지적 수준에 맞추어 쉽게 설명한다

아직 아이가 과학적으로 사물과 현상을 이해하기 어렵다면, 의인
화해서 설명하는 것도 좋은 방법이다. 아이가 "별이 왜 반짝거려요?"
하고 물으면, "사람이 눈을 깜박거리는 것처럼 별도 눈을 깜박거리
는 거란다"라고 답하자. 차차 아이의 사고력이 높아지면 그에 따라
이치에 맞게 설명하자.

🎾 아이의 질문을 받으면 그 자리에서 답해 준다

아이는 금세 흥미를 잃어버리기 때문에 지체하지 말고 아이가 호
기심을 잃지 않도록 답해 주어야 한다.

🔍 아이의 질문에 "함께 답을 찾아보자"라고 답한다

어른이라고 해서 아이의 질문에 모두 답할 수 있는 것은 아니다. 이럴 경우 백과사전을 함께 찾아보거나 또는 인터넷으로 함께 검색해 보자. 이런 과정을 통해 아이는 질문의 답을 찾는 과정을 놀이처럼 재미있게 받아들인다.

🔍 다소 엉뚱한 질문을 할 때는 대답 대신 질문을 한다

호기심 차원에서가 아니라 말 상대가 필요해서 질문을 하는 경우도 있다. 이때는 일일이 답변을 하기보다는 아이가 말을 많이 할 수 있도록 아이에게 "너는 어떻게 생각해?"라고 질문을 던지자.

창의성의 밑거름,
상상력을 키워 주는 말 4가지

"내가 재미있는 이야기를 만들었는데 한번 들어 볼래?"

영국 웨일스의 작은 시골 마을, 한 여자아이가 친구들에 둘러싸여 말했다. 아직 초등학교에 입학하기도 전이지만 책 읽고 혼자 상상하기를 좋아하는 여자아이였다. 그 여자아이의 머릿속에는 항상 갖가지 이야기로 가득 차 있었다. 그 아이는 여섯 살 때 글을 배우고 나자 자신이 생각해 낸 이야기를 글로 쓰기 시작했다.

"이건 동물이 주인공으로 나오는 이야기야. 한번 읽어 볼래?"

친구들은 모두 그것을 읽고 좋아했다. 아이는 흥이 났다. 그 아이가 성장해서 열 살 무렵이 되자, 〈일곱 개의 저주받은 다이아몬드〉라는 단편을 완성했다. 그 아이는 자신의 공상을 글로 옮겨 적는 일이

제일 좋았다. 그래서 소설가가 되기로 마음먹었다.

그 아이는 어른이 되었고, 어느 날 맨체스터에서 런던으로 가는 기차를 타게 되었다. 그런데 기차 고장으로 시골에서 4시간이나 기다리게 되었다. 이때 그녀는 무료한 시간을 달래기 위해 상상에 빠져 들었다.

'자신이 마법사인 걸 모르는 소년이 있어. 그 아이가 마법 학교에서 자신의 능력을 되찾는다…. 오, 이런 이야기라면 재미있겠는걸. 11세에서 17세까지 소년의 이야기를 다루게 된다면, 한 학년에 한 권씩 해서 모두 일곱 권을 써야겠어.'

이후 이 이야기가 《해리포터와 마법사의 돌》이라는 이름으로 세상에 나왔다. 전 세계적으로 이 책은 67개국 언어로 번역되었고, 4억 5천만 부 이상 팔렸다. 이 책의 저자 조앤 롤링은 하버드대 졸업식 연설에서 이렇게 말했다.

"세상을 바꾸는 데 마법은 필요 없습니다. 우리 자신은 이미 이보다 나은 상상력이라는 힘을 갖고 있습니다."

조앤 롤링은 상상력의 위대성을 잘 보여 준다. 흔히 어린아이의 상상과 공상은 쓸데없는 것으로 치부되기도 한다. 공부와 크게 연관되지 않는다는 이유 때문이다. 영어로 술술 말하고 또 수학 문제를 척척 푸는 아이가 더 환영받을 수 있다. 하지만 요즘은 창의적인 능력이 요구되고 있다. 아무도 생각하지 못했던 새로운 것을 발견하고 발명하거나 또 이야기로 만들어 내는 독창적인 능력이 요구되고 있다. 한 사람의 창의적인 능력은 한 나라뿐만 아니라 한 시대는 물론 역사를 바꾸어 놓기도 한다.

다중지능 이론으로 유명한 하워드 가드너 하버드대 교육심리학과 교수는, 0~3세 시기가 아이의 창의성이 무한한 시기라고 한다. 그는 이때 아이에게 필요한 것은 다름 아닌 상상력이라고 한다. 이때 아이의 상상력을 잘 키워 줘야 13세 이후에 창의성이 꽃을 피운다고 한다.

"어린 시절의 환경과 창의성이 전혀 무관한 것은 아닙니다. 어린 시절의 상상력이 나중에 창의성으로 발전하기 때문입니다. 따라서 모든 아이들이 자신만의 상상력을 풍부하게 키워 나가고 발휘할 수 있도록 엄마는 아이에게 용기와 자신감을 주어야 합니다. 그림이나 찰흙을 이용해 개성 있는 도깨비나 요정 같은 특정 모델을 만들어 내도록 도와줘야 한다는 의미입니다. 어린 시절의 상상력은 너무나도 귀하고 소중하기 때문에 이를 막는 행동은 절대 삼가야 합니다."

이처럼 창의력의 밑거름인 상상력이 매우 중요함을 알 수 있다. 그런데 현실은 어떨까?《우리 아이의 상상력 죽이기》의 저자 앤서니 에솔렌에 따르면 부모는 미켈란젤로, 베토벤, 아인슈타인처럼 될 수 있는 아이의 상상력을 싹둑싹둑 자르고 있다고 한다. 구체적으로 아이의 상상력을 죽이는 방법에는 10가지가 있다.

1. 아이를 가능하면 실내에 가두어 두기

→ 바깥세상과 자연 체험을 차단하기

2. 아이들을 자기네끼리만 내버려 두지 않기

→ 가능하면 어른이 아이들을 감독하기

3. 안전을 핑계로 기계나 기술자로부터 멀리 있게 하기

→ 신기한 물건에 접촉하지 못하게 하기

4. 동화 대신 정치적 슬로건이나 유행어에 노출시키기

→ 깊게 생각할 시간 주지 않기

5. 영웅과 애국자를 비난하기

→ 영웅에 대한 신비감과 존경심을 없애기

6. 모든 영웅의 콧대를 꺾기

→ 우리 자신이 영웅인 것으로 만들기

7. 모든 사랑 이야기를 자기도취와 섹스로 전락시키기

→ 사랑에 대한 신비감을 없애기

8. 여자의 여자다움과 남자의 남자다움을 없애기

→ 여자와 남자의 성적 매력 없애기

9. 피상적이고 비현실적인 것으로 아이를 산만하게 만들기

→ 주위를 소음 왕국으로 만들기

10. 초월자를 부인하게 만들기

→ 하나님에 대한 경외감을 없애기

아이의 상상력을 키우기 위해 부모는 어떤 말을 하면 좋을까? 우선 아이들은 이미 상상력의 왕자 공주임을 인식하자. 누가 시키지 않아도 아이들은 스스로 상상의 스위치를 켠다. 이때 상상력이 멀리 뻗어 가는 아이가 있는 반면 그렇지 못한 아이가 있다. 그래서 부모의 역할이 중요한데, 상상력을 키워 주는 부모의 말은 4가지다.

🎾 "함께 놀자"

정해진 패턴이 없는 놀이를 통해 아이의 상상력을 자극할 수 있다.

🎾 "함께 그림을 볼까?"

아이가 현실에서 경험하지 못한 것을 그림을 통해 접할 수 있다. 현실에서 불가능한 것을 그림을 통해 많이 접할수록 상상력이 풍부해진다.

🎾 "동화를 들려줄게"

부모가 들려주는 이야기를 통해서 아이는 상상의 나래를 펼친다.

🎾 "자세히 설명해 줄래?"

아이가 이야기를 만들어 들려줄 경우, 대충 넘기지 말자. 아이가 이야기에 집중해 더 디테일하게 살을 붙일 수 있도록 도와주자. 그러면 아이의 상상력이 더 튼튼해진다.

창의성을 죽이는 말 vs 창의성을 키우는 말

아이는 자신만의 천재적인 면을 지니고 있다. 아이가 그 재능을
이 세상에서 마음껏 발휘할 수 있도록 도와주어야 한다.

《희망》의 저자 베스 윌슨 사베드라의 말이다. 그녀는 "모든 아이
는 천재로 태어난다"는 말을 강조하면서, 어른들은 아이들을 격려해
주기만 하면 아이들은 모두 빛나는 존재가 될 것이라 강조한다. 또
한 그녀는 창의성은 강요될 수 없다고 하면서, 아이에게 열린 기회
를 줌으로써 아이의 창의성이 더욱 풍부해질 것이라고 한다.

실로 아이의 잠재력은 무궁무진하다. 부모는 아이의 잠재력을 자
신의 기대치에 한정 짓지 말아야 하며, 다만 아이의 잠재력이 충분

히 발휘될 수 있도록 활짝 문을 열어 주는 데 초점을 맞추어야 한다. 아이가 창의성을 마음껏 발휘하기 위해서는 부모가 아이를 잘 지지해 줘야 한다. 그렇다고 조기 교육을 시킨다든지, 큰 비용이 드는 창의력 학습을 시킬 필요는 없다. 아이의 창의성이 저절로 쑥쑥 커 가도록 관심을 갖고 아이를 대하면 된다. 한국과 미국에서 영재교육의 권위자로 인정받는 세인트존스대학교 교수 조석희 박사에 따르면, 창의성을 높이기 위한 부모의 역할은 7가지다.

1. 잘한 것을 칭찬하라.
   - 창의성을 발휘할 수 있는 바탕은 동기유발이다. 칭찬만큼 동기를 촉진시키는 것은 없다.
2. 관심거리를 보여 주라.
   - 아이들이 관심을 가질 만한 것을 찾아 보여 주라.
3. 현장을 찾아가라.
   - 책 읽기만 해서는 안 된다. 재미있어 할 만한 곳을 함께 찾아다니라.
4. 오감을 통해 배우도록 하라.
   - 실제 경험을 통해 머리와 몸 전체로 익히는 것이 중요하다.
5. 부모의 취미를 가르쳐 주라.
   - 부모가 잘할 수 있고 익숙한 취미를 아이에게 가르쳐 주는 것이 좋다.

6. 못한다고 화를 내선 안 된다.

- 창의성은 두려움이나 불안이 없는 상태에서 가장 잘 발현
된다.

7. 감당하지 못할 때까지 함께 놀아 주라.

- 아이와 함께 노는 것이 창의성 교육의 출발이다. 더 이상 놀
아 주지 못할 때까지 함께 놀라.

흔히 창의성 높은 아이는 엉뚱한 행동과 말을 많이 한다. 놀이기구에 매달린다든지, 어른을 아슬아슬하게 만들고, 또 반대를 무릅쓰고 모험을 시도한다. 여기에다 고집불통에 항상 어디로 튈지 모르며, 곤혹스러운 질문을 해 댄다. 이런 아이에 대해 부모들은 무심코 아이를 나무랄 때가 많다.

입으로 내뱉은 말이 허공에서 그냥 사라지는 것으로 생각했다면 오산이다. 부정적인 말을 들은 사람의 몸에서는 자기 보호 기제인 코르티솔 호르몬이 분비되고, 긍정적인 말을 들은 사람의 몸에서는 옥시토신 호르몬이 분비된다. 이 호르몬 때문에 기분 나쁜 말을 들은 사람은 불쾌해지고, 기분 좋은 말을 들은 사람은 유쾌해진다. 여기서 주목해야 할 것은 몸에 좋은 호르몬은 옥시토신이라는 점이다. 이것이 많이 분비될수록 행복하고 자신감이 더 커진다. 그렇기 때문에 한 사람의 잠재력과 사기를 높여 주고자 할 때는 긍정적인 말을 해 주어야 한다.

　우리 아이의 창의성을 키워 주기 위해서는 긍정적인 말이 필요하다. 어린이 창의성 교육 전문가 문정화의《내 아이를 위한 창의성 코칭》에 따르면, 창의성을 죽이는 말과 창의성을 키우는 말 20가지가 있다. 똑같은 상황에서 아이에게 어떻게 말하느냐에 따라 아이창의성의 운명이 결정된다는 것을 잊지 말자.

창의성을 죽이는 말	창의성을 키우는 말
"말도 안 되는 소리 하지 마."	"와, 그건 대단한 창의력이로구나."
"얼씨구! 잘~한다."	"그래, 네가 하고 싶은 대로 해 보렴."
"네가 그것을 어떻게 해."	"너는 그것을 혼자서 얼마든지 할 수 있어."
"쓸데없는 짓 그만해라."	"무엇인지는 모르겠지만 재미있어 보이는구나."
"어린애는 그런 거 몰라도 돼."	"네가 어른이 되면 알게 된단다."
"제발 좀 치워라."	"무엇을 하려는 건지 엄마에게 말해 줄 수 있겠니?"
"왜 너는 바보 같은 것만 물어보니?"	"와, 엄마는 미처 그런 것까지 생각하지 못했구나."
"이건 규칙이야. 그대로 해야 돼."	"우린 이미 약속했잖니? 약속한 것은 지켜야겠지?"
"너는 너무 어려서 하면 안 돼."	"네가 더 크면 할 수 있겠지만, 지금은 너무 어리잖니?"

"웬 말이 그렇게 많니? 하라면 할 것이지."	"엄마가 알아들을 수 있게 한 번 더 천천히 말해 줄래?"
"여자면 여자답게 놀아라."	"엄마는 우아한 여자아이가 좋단다."
"참견 말고 네 할 일이나 해."	"미안하다. 엄마가 네 생각을 하지 못했어."
"넌 아무래도 좀 지능이 모자라나 봐."	"사람은 실수할 수도 있어. 네가 지혜롭다는 걸 엄마는 잘 알아."
"도대체 넌 커서 뭐가 되려고 그러니?"	"너 하고 싶은 대로 실컷 하렴."
"야! 지금은 그런 것 할 때가 아니야."	"네가 조금 더 크면 자연스럽게 할 수 있을 거야. 지금은 조금 빠르다고 생각한다."
"네가 하는 일이 다 그렇지, 뭐."	"누구나 실수는 하기 마련이란다."
"하늘은 하늘색으로 칠해야지. 그런 색의 하늘은 없어."	"와, 하늘 색깔이 멋지네."
"넌 도대체 누굴 닮아서 그렇게 엉뚱하니?"	"와, 너는 창의력이 대단하구나."
"아니! 뭐 그런 당연한 걸 가지고 떠들고 그러니?"	"와, 신기하구나. 넌 엄마보다 낫구나."
"그건 해 보나마나 안 돼."	"어려운 일이긴 하지만, 도전해 볼래?"

"괜찮아, 괜찮아.
실수해도 괜찮아"

　모터사이클로 유명한 기업인 일본의 혼다는 실패를 두려워하지 않는다. 혼다는 '올해의 실패왕'이라는 제도를 운영하면서 해마다 최고의 실패를 한 연구자에게 100만 엔의 상금을 준다. 이 상은 실패를 두려워하지 말고 창의적인 아이디어를 내기 위해 더욱 노력하라는 의미에서 제정되었다. 창업주 혼다 소이치로는 말했다.

　"도전한 뒤의 실패보다 아무것도 하지 않는 것을 두려워하라."

　이러한 기업 정신에 영향을 받아 수많은 신제품을 내놓은 결과 혼다는 도요타, 닛산과 함께 일본의 3대 자동차 회사이자 세계 10위권의 자동차 회사로 성장했다. 혼다는 자동차, 오토바이, 항공기, 발전기 등 수많은 창의적인 제품을 만들었다.

세계적인 기업 GE의 창업주 토마스 에디슨은 어떨까? 그가 세계적인 발명가가 되기까지 수많은 실패가 있었다는 것을 간과하면 안된다. 전구를 만드는 데 2천 번, 축전지를 만드는 데 2만 5천 번 실패를 거듭했다. 이러한 실패를 거울 삼아 그 누구도 생각하지 못했던 창의적인 발명품을 세상에 내놓을 수 있었다. 그는 무려 1,039개의 특허를 신청했다. 그는 말했다.

"나는 실패한 것이 아니다. 나는 잘되지 않는 방법 1만 가지를 발견한 것이다."

이렇듯 창의적인 결과물은 수많은 실패를 무릅쓴 시도 끝에 만들어진 것임을 알 수 있다. 어떤 분야이든 남다른 결과를 얻기 위해서는 실패를 피할 수 없다. 그렇다면 어떤 사람이 깜짝 놀랄 결과물을 내놓을 수 있는 것일까? 이 차이를 만드는 것은 실패를 받아들이는 자세에 있다. 원하는 결과를 얻기 위해 실패를 거듭해 나가는 끈질긴 자세다. 이러한 실패 극복의 힘 곧, 회복탄력성(resilience)이 결국 창조적인 결과물을 만들어 내게 한다.

세계에서 가장 창의적인 인재들이 모여 있는 미국 실리콘밸리의 최고 경영자들은 평균 2.8회의 실패 경험을 가지고 있다고 한다. 이들은 여러 차례의 실패 끝에 그 누구도 생각하지 못했던 창의적인 IT 기술을 개발해 낸 것이다. 스티브 잡스가 그 대표적인 예다. 그는 매번 창의적인 일을 시도했지만 더러 실패를 맛봤다. 하지만 그는 창의적인 시도를 계속해 나간 끝에 애플의 아이폰을 세상에 선보이게 되었다. 따라서 전혀 실패를 경험하지 않는 사람에게서 창의적인 성과가 나오기는 쉽지 않다.

카이스트 뇌공학과 정재승 교수는 말한다.

서양에서 창의적인 사례가 나오는 것은 이들이 늘 먼저 시도를 하기 때문이다. 이들은 모험심이 높고 위험을 감수하는 경향이 크다. 서양에는 실패를 해도 격려하고 북돋아 주는 문화가 있다.

하버드대학교 하워드 가드너 교수는 아이의 창의성을 길러 주기 위해 부모가 해야 할 일을 5가지로 말한다.

첫째, 아이가 하고 싶은 대로 놔두라.
둘째, 혼자 생각할 시간을 주라.
셋째, 끝없는 질문에 정성껏 대답하라.
넷째, 자연 체험의 기회를 주라.
다섯째, 실수하더라도 격려하라.

이 가운데서 특별히 주목해야 할 것은 바로 다섯째다.
하워드 가드너는 부모의 말 한마디에 의해 아이의 창의성이 결정

된다고 하면서, 아이가 실수를 하더라도 꾸중하기보다는 격려하라고 한다. 설령 실수를 하더라도 이를 통해 새로운 것을 만들어 낼 수 있기 때문이다. 또한 부모의 꾸중에 의해 호기심, 탐구심이 방해받는다면 결코 창의성의 새싹이 자랄 수 없기 때문이다.

아이들에게는 도전하는 자세가 매우 중요하다. 아이가 어떤 일을 시도하다가 몇 번 실패했느냐는 별 의미가 없다. 아이는 걸음마를 배우는 과정에서, 젓가락질을 익히면서, 말을 배우면서, 놀이를 배우면서 수없이 실수하고 실패한다. 아이가 얼마나 실수를 많이 했느냐는 문제 삼지 않는 것이 좋다. 대신 아이가 포기하지 않고 계속 시도하고 있다는 점을 격려하자. 이렇게 할 때 아이는 실패 속에서 성공으로 한 걸음씩 나아갈 수 있다는 점을 스스로 깨닫게 된다.

아이에게 어떤 말로 실수와 실패에 잘 대처하게 만들까?《내 아이의 미래를 좌우하는 황금법칙》(양빙 저)에서는 부모가 아이들이 겪는 실수와 실패를 자연스러운 과정으로 받아들이고 이를 잘 극복하는 자세를 가르쳐야 한다고 강조한다.

여기에서는 아이가 실수와 실패를 극복할 수 있게 하는 3가지 요령을 소개하고 있다. 이를 잘 참고해 실패 극복의 힘, 곧 회복탄력성이 강한 아이로 키우자.

실패를 겪게 하라

실패를 전혀 겪지 않은 사람에게서는 창의적인 성과가 나오기 힘들다. 가능하면 아이가 어릴 때 자주 실패 경험을 하게 하자. 실패를 많이 한다는 것은 그만큼 아이가 전혀 새로운 것을 스스로 시도하고 있다는 뜻이다. 이를 통해 아이의 창의성이 배가된다.

아이에게 이런 말을 할 수 있다.

🎾 **"괜찮아, 괜찮아. 실패해도 괜찮아"**

실패의 원인을 짚고 넘어가라

실패는 그냥 실패로 끝날 수도 있고, 성공의 밑거름이 될 수도 있다. 아이가 실패와 실수를 했을 때, 부모는 아이와 함께 그 원인을 파악하자. 물론 아이 혼자 원인을 찾는 것도 좋지만, 따뜻한 격려를 아끼지 않는 부모와 함께 원인을 찾는 것이 더욱 좋다. 이런 경험을 통해 아이는 실패에 대한 두려움이 없어지고 더더욱 모험과 실험을 추구한다.

아이에게 이런 말을 할 수 있다.

🎾 **"왜 실패했는지 이유를 찾아보자. 실패했다고 실망할 필요 없어"**

성공의 단맛을 맛볼 수 있게 하라

아이를 연이은 실패 속에 내버려 두는 것은 바람직하지 않다. 여러 차례의 실패 속에서도 성공을 맛본 경험이 있어야 한다. 그래야 아이

는 자신감과 의욕을 갖고 실패를 두려워하지 않고 창의적인 일을 시
도한다.

아이에게 이런 말을 할 수 있다.

🎾 **"엄마는 네가 잘해 낼 거라 믿었어"**

우뇌형 아이에게
필요한 말은?

"둘째아이가 다섯 살인데 벽지나 장판에 낙서를 마구 해 대고 잠시도 가만히 있질 못해요. 첫째아이는 책을 좋아하고 정리 정돈도 잘하고 수학에도 소질이 있는데, 둘째는 도통 공부엔 관심이 없는 것 같아요. 둘째아이에겐 어떤 말을 해 주면 좋을까요?"

두 아이의 전혀 다른 성향 때문에 고민하고 있는 한 부모가 찾아왔다. 아이의 부모는 둘 다 이과 출신이었다.

"둘째아이에게 특별한 문제가 있는 것 같지는 않습니다. 둘째아이는 부모와 다른 기질을 가지고 있을 뿐이라고 봐요. 둘째는 우뇌가 발달하지 않았나 생각됩니다. 아이의 두뇌형에 맞게 소질과 개성을 잘 키워 주시면 됩니다."

한 부모에게 태어난 형제자매라도 전혀 다른 성향을 보이는 경우가 많다. 심지어 쌍둥이인 경우도 마찬가지다. 이는 아이마다 타고난 기질이 다르기 때문이다. 어떤 상황에서 뇌가 정보를 처리하는 방식이 다르기 때문에 각기 다른 행동을 보이는 것이다.

더구나 부모와 자녀의 성향이 다른 경우에는 자녀의 행동을 이해하는 데 더 어려움이 있다. 예를 들어 좌뇌형 부모가 우뇌형 아이를 키우게 되면 부모는 아이의 산만함에 당황하고, 아이는 부모의 과도한 제한으로 답답해한다. 체계적이고 논리적이며 꼼꼼한 좌뇌형 엄마가 우뇌형 아이를 이해하기는 것은 쉽지 않은 일이어서 좌뇌형 부모가 우뇌형 아이를 키울 때는 늘 잔소리가 끊이지 않게 되어 있다.

따라서 아이의 기질과 성향을 잘 파악하는 것이 중요하다.

좌뇌형 아이와 우뇌형 아이의 특징은 다음과 같다.

좌뇌형 아이의 특징	우뇌형 아이의 특징
조용하고 내성적	사교적
꼼꼼하고 세밀함	두루뭉술
계획적, 논리적, 분석적	정형화된 과제를 힘들어함
끈기와 참을성이 많고 성실함	자극적인 모험 추구, 상상력이 뛰어남
맺고 끊음이 정확함	끈기와 일관성 부족, 쉽게 마음이 바뀜
익숙한 것, 안정된 환경 선호	새로운 생각이나 낯선 사람에게 관심 보임

여기서 주목할 것은 우뇌형 아이다. 대부분의 부모는 우뇌형 아이를 키울 때 고민이 커진다. 가능하면 아이가 수학을 잘해서 명문대에 진학해 좋은 직장을 얻길 바라는 것이 부모의 마음이다. 그런데 아이가 수학에 전혀 재능을 보이지 못하고 논리성이 약하면 자칫 아이가 낙오자가 되지 않을까 하는 걱정이 밀려온다.

그러나 부모는 두뇌에 따른 아이의 특징을 존중하는 것이 필요하다. 만약 아이의 관심사가 다양한 분야에 걸쳐 있고, 다른 사람과 잘 어울리며 상상력이 풍부하고, 그림 그리기를 좋아하고, 감수성이 예민하며, 호기심이 많다면 우뇌형 아이다. 우뇌형 아이는 예술성이 뛰어나다.

그런데 예술적 재능이 아이의 미래에 어떤 도움이 될 수 있을까 하는 의구심을 갖고 있는 부모가 있다. 세계적인 미래학자 다니엘 핑크의 《새로운 미래가 온다》에 따르면 현재의 정보화 시대를 넘어서 앞으로는 하이컨셉(high concept)의 시대가 도래한다고 한다. 정보화 시대에서는 논리적이며 수학적인 사고를 잘하는 좌뇌형 사람이 주도했다면, 하이컨셉의 시대에서는 우뇌형 인재 곧 감성, 창의성이 발달된 사람이 떠오른다고 한다. 다니엘 핑크는 미래에서 요구되는 6가지 재능은 디자인, 스토리, 조화, 공감, 놀이, 의미라고 했는데, 결국 미래에는 예술성이 뛰어난 사람 곧, 우뇌형 인재가 크게 각광받는다는 사실을 확인할 수 있다.

따라서 부모는 우뇌형 아이의 예술적 재능을 잘 살려 나가야 한다.

그렇다고 해서 우뇌형 아이의 경우, 오로지 우뇌형 재능 발달에만 치중해서는 안 된다. 편식을 하지 않고 골고루 먹어야 건강하듯이, 어느 한쪽에만 치중하지 않고 좌뇌와 우뇌의 재능을 골고루 길러 주는 것이 좋다.

양쪽 뇌를 골고루 발달시킬 수 있는 2가지 방법을 소개한다.

첫 번째는 다양한 독서다. 다양한 분야의 책을 읽으면 아이의 양쪽 뇌가 고루 발달한다. 아이가 책을 읽을 때 좌뇌나 우뇌 중 어느 한쪽에 치중된 내용의 책만 읽으려 한다면 좌뇌와 우뇌 양쪽에 해당되는 내용을 골고루 읽도록 돕자.

두 번째는 균형 있는 신체 사용이다. 우뇌는 왼쪽 신체와, 좌뇌는 오른쪽 신체와 연결되어 있으므로 왼쪽 오른쪽 신체를 다 사용하도록 하자. 양쪽 신체를 다 사용함으로써 양쪽 두뇌가 고루 발달한다.

우뇌형 아이에겐 어떤 말을 해 주면 좋을까? 우뇌형 아이의 두뇌를 균형 있게 발달시키기 위해서는 좌뇌를 자극시켜야 한다. 좌뇌를 발달시키는 말에는 3가지가 있다.

🔍 "…를(을) 꼼꼼히 해라"

우뇌형 아이는 덜렁대는 기질을 보인다. 매사에 치밀함이 부족해서 청소도 대충, 공부도 대충 하는 면이 있다. 따라서 아이에게 꼼꼼하게 일을 처리해야 한다는 점을 강조하자. 그러면 아이는 자신에게 부족한 분석적 사고, 수리적 사고를 확장해 나간다.

🔍 "약속은 꼭 지켜야 해"

예술적 감수성이 풍부한 아이는 약속을 잘 잊어버린다. 워낙 자유분방한 성격 탓에 어떤 일을 하다가도 또 다른 일에 빠지기 쉽고, 머릿속에는 항상 갖가지 상상으로 가득하다. 그렇기 때문에 아이는 기분 내키는 대로 생활하다가 약속을 놓치는 일이 많다. 이런 아이에게는 자주 '약속'을 강조하자. 약속한 것은 꼭 지켜야 한다는 것이 생활 습관이 되도록 하자. 그러면 규칙성을 관장하는 좌뇌가 활성화된다.

🔍 "계획과 목표를 세우자"

약속을 잘 지키지 않는 우뇌형 아이는 계획과 목표 세우기에 서툴다. 조직적으로 사고하기보다는 즉흥적이고 직관적이기 때문이다. 이런 아이에게는 계획과 목표를 세우게 해서 매일 그것을 실천하는지를 체크하게 하자. 이런 과정에서 아이의 좌뇌가 쑥쑥 발달한다.

음악 재능을
키워 주는 말

"부모님은 나를 압박하신 적이 없다. 엄마는 내가 피아노를 끝까지 할 거라고 생각하지 못했다고 하셨다. 아버지는 내가 고등학교 때까지도 그만두고 싶을 때 언제든지 그만두라고 말씀하셨다. 콩쿠르에 나가면서 힘들어하는 것을 보시니까, 항상 즐기면서 하라고 하셨다."

한국인 최초로 쇼팽 국제 피아노 콩쿠르에서 우승한 천재 피아니스트 조성진의 말이다. 그는 6세 때 우연히 음악학원에 갔다가 피아노를 배웠는데 단번에 재능을 인정받았다. 그의 부모는 음악과는 전혀 연관이 없었기 때문에 아들이 피아노를 하다가 그만둘 줄 알았다. 그러나 아들이 피아노를 좋아하고, 계속하겠다고 하자 밀어 주었다.

하지만 출전한 콩쿠르 대회마다 낙방의 고배를 마셔야 했다. 그래도 그는 묵묵히 피아노 연주에 매진했다.

그의 부모는 아들이 좋아하는 일을 하고 살아야 한다는 생각을 갖고 있었다. 자식을 영재로 키우려는 극성 부모와는 달랐다. 부모는 그에게 즐기면서 하라고 했고 그만두고 싶으면 언제든 그만두라고 했다. 그런 부모 밑에서 자란 그는 마침내 세계적인 피아니스트로 설 수 있었다.

'하늘이 내려 준 음악의 천사'라는 찬사를 받는 바이올리니스트 사라 장은 어떨까? 그녀에 대한 찬사는 헤아릴 수 없이 많다.

테크닉은 물론이고 이 소녀가 연주를 통해 내뿜는 열정이 항상 나를 감동시킨다. 사라는 신동을 넘어 '하늘의 축복'이다.
- **지휘자 주빈 메타**

내가 본 바이올리니스트 중 가장 멋지고 완벽하다.
- **바이올리니스트 예후디 메누힌**

사라 장이 세기적 신동이라는 메누힌의 평가는 결코 과장이 아니다.
- **독일 〈디 벨트〉**

2000년엔 파가니니가 여자로 환생할 것인가.
- **프랑스 〈르 피가로〉**

사라 장은 일찍부터 천재성을 드러냈다. 두 살 무렵, 그녀는 아버지가 켜는 바이올린 선율이 장조에서 단조로 바뀌자, "아빠, 왜 슬퍼요?"라고 물었다. 그녀는 절대음감을 타고 났다. 그녀는 불과 8세에 주빈 메타가 지휘하는 뉴욕 필하모닉 오케스트라와 협연을 했다. 이후 그녀는 한 해 150여 회 이상 연주하는 세계적인 바이올리니스트가 되었다.

그녀의 부모는 어린 그녀에게 "하고 싶은 것을 실컷 해"라고 말하면서 내버려 두었다. 엄격하게 강제적으로 음악 교육을 시키지 않고 다양한 취미 활동을 권장했다. 이런 환경에서 그녀는 자신이 좋아하는 바이올린을 자유롭게 즐기면서 연주할 수 있었다. 현재 세계 정상에 오른 그녀는 음악을 즐긴다.

"잘하려는 것보다 그냥 좋은 사람과 연주하는 게 좋아요."

두 천재 음악가를 통해 알 수 있듯이, 음악적 재능은 주입식 교육을 통해 생기는 것이 아니다. 음악적 재능은 타고나는 것이며, 3세 즈음에 절대음감을 파악하는데 6~7세가 되면 이미 음악적 재능이 완성된다. 그렇기 때문에 부모가 아무리 강제적으로 아이에게 음악 교육을 시킨다고 해도 소용이 없다. 아이의 타고난 재능이 결정적이기 때문이다. 《지력 혁명》의 저자 문용린은 이렇게 말한다.

음악 지능은 인간의 여러 재능 중 가장 먼저 나타나는 것이다. 임산부들이 하는 태교 중 가장 대표적인 것이 음악 태교인데, 엄마

뱃속에서 들려주었던 음악을 갓난아기에게 들려주면 울음을 그치거나 특정한 반응을 보인다는 연구 결과도 있다. 갓난아이들은 말보다 음악에 더 예민하다고 주장하는 학자들도 있다. 그들에 따르면 생후 2개월 정도면 엄마가 불러 주는 노랫가락 등을 알아차리고 4개월이 되면 리듬의 구조를 알 수 있다고 한다. 한 살 반쯤 되면 아이들은 장2도, 단3도, 장3도, 4도 등의 다양하고 좁은 간격의 음을 정확하게 표현하기 시작한다.

구체적으로 갓난아기에서 7세까지 아이의 음악적 재능이 어떻게 나타나는지 살펴보자.

만 0~1세 아이의 경우, 엄마의 목소리에 반응하고 정서가 안정된다. 2~6개월이 되면 옹알이 소리를 내며 그 소리를 즐길 뿐만 아니라 소리에 관심을 갖는다. 6~9개월이 되면 음악을 들으면 기뻐하면서 팔을 흔들고 또 그 소리를 모방한다.

만 1~2세 아이의 경우, 걸음마를 하면서 신기한 소리에 반응을 보이며 몸을 흔든다. 때때로 즉흥적인 음악을 만든다. 만 2~3세 아이의 경우, 음악에 대한 신체적 반응이 더 많아지며 또한 언어능력이 발달함에 따라 노래를 부분적으로 따라 부른다.

만 3~4세 아이의 경우, 아이가 음의 높낮이, 길이, 셈여림 등의 기초적인 음 개념과 멜로디 구성을 파악한다. 이때 악기를 가르치면 음감을 기르는 데 도움이 된다. 만 4~5세 아이의 경우, 음역과 리듬감이 좋아지며 혼자 혹은 여럿이 노래 부르는 것을 좋아한다. 악기에도 재능을 보인다.

만 6~7세 아이의 경우, 음역이 넓은 곡, 부점이 있는 곡을 부를 수 있고 여럿이 노래를 자유자재로 부를 수 있다. 또한 리듬을 타는 몸동작을 하면서 악기를 잘 다룰 수 있다.

이를 참고해 부모는 아이에게 음악적 재능이 있는지 잘 파악하자.

아이에게 음악적 재능이 있다면, 어떤 말을 해 주면 좋을까? 조성진과 사라 장의 부모가 좋은 답을 준다. 조성진의 부모는 "즐기면서 해"라고 했고, 사라 장의 부모는 "하고 싶은 것을 실컷 해"라고 했다. 어느 부모도 " …해야 해", "왜 안 해?"라고 압박하지 않았다. 이런 부모 밑에서 천재적인 잠재력의 싹이 무럭무럭 자라났다.

따라서 부모는 음악 재능을 가진 아이가 자연스럽게 음악을 좋아할 수 있는 환경을 만들어 주어야 한다. 이와 함께 아이가 음악을 마음껏 즐길 수 있도록 배려하자. 논어의 '知之者不如好之者 好之者不如樂之者(아는 사람이 좋아하는 사람만 못하고, 좋아하는 사람이 즐기는 사람만 못하다)'라는 구절을 기억하자.

따라서 우리 아이에게는 이런 말이 필요하다.

🎤 **"즐기면서 해"**
🎤 **"하고 싶은 것을 실컷 해"**

미술 재능을
꽃피우게 할 말 4가지

세계적인 천재 화가 파블로 피카소는 어릴 때부터 그림에 특별한 재능을 나타냈지만 공부에는 별 흥미를 보이지 않았다. 다행히 그의 아버지가 미술가였기에 피카소의 미술 재능을 알아보고 잘 키울 수 있었다. 어린 그는 아버지 밑에서 그림의 기초인 데생 수업으로 비둘기 발만 그리도록 교육받았다.

그의 아버지는 피카소가 데생을 완벽히 마스터하기까지 유화를 그리지 못하게 했다. 이렇게 기초 교육을 받은 피카소가 나중에 미술학교에 진학하자 그에겐 적수가 없었다. 그의 천재적인 명성이 알려지기 시작했다.

훗날 피카소는 말했다.

"열다섯 살이 되자 나는 사람의 얼굴, 몸을 다 그릴 수 있게 되었다. 그동안 비둘기 발밖에 그리지 않았지만 어느 때는 모델 없이도 그릴 수 있었다."

부모가 피카소의 재능을 알아보지 못했다면 어떻게 되었을까? 어쩌면 그의 천재성이 묻혀 버렸을지도 모른다. 여기서 확인할 수 있는 것은 피카소의 부모가 자녀에게 적절한 교육을 하여 자신의 재능을 꽃피우게 했다는 점이다. 따라서 내 아이에게 혹시 미술적 재능이 있는지 알아보려면 아래의 항목을 체크해 보자. 아이가 많은 항목에 해당한다면 적극적으로 미술 교육을 고려해 보자.

낙서, 만화 그리기를 좋아한다.

손재주가 뛰어나다.

말이나 글보다는 그림으로 표현하는 것을 좋아한다.

색상과 무늬, 그림에 대한 감각이 발달했다.

시각적인 것을 잘 기억하고 그림으로 잘 그려 낸다.

특히 오감을 골고루 사용하는 미술 교육은 그 자체로도 교육 효과가 매우 커서 미술 재능을 갖고 있는 아이는 물론 그렇지 않은 아이에게도 많은 도움이 된다. 프랑스의 경우, 유치원 교육의 70~80퍼센트가 미술 교육으로 구성되어 있으며 미술을 포함한 예능 교육을 통해 다른 학습의 기초 개념을 익힌다. 이러한 '감성교육'을 통해 프랑

스인의 자유로운 상상력과 남다른 창의성이 나올 수 있었다. 아이에게 미술 교육을 시켜야 할 이유는 크게 5가지다.

자아를 표현하는 방법이다

아직 말과 글이 서툰 아이들에겐 그림이 또 하나의 표현 매체다. 어떤 아이에게는 말과 글보다 그림으로 자신을 표현하는 것이 더 편한 경우가 있다. 교육적인 측면에서 자신의 감정과 생각을 그림으로 표현하는 과정은 꼭 필요하다.

시각 기능을 활성화한다

미술은 시각 기능에 크게 의존한다. 주변 사물을 잘 관찰하는 습관이 있어야 그 형태를 그림으로 표현할 수 있기 때문이다. 운동을 많이 할수록 근육량이 늘듯이, 그림을 많이 그리면 그릴수록 시각 기능이 좋아진다.

우뇌를 발달시킨다

좌뇌는 언어적, 분석적, 수리적 사고를 담당하고 우뇌는 직관적, 감성적, 공간적 사고를 담당한다. 따라서 미술은 우뇌가 담당한다. 아이 때 읽기, 수학 공부와 함께 미술 교육을 시키면 좌뇌와 우뇌가 균형 있게 성장할 수 있다.

개성과 창의성을 향상시킨다

수학에는 딱 정해진 답이 있다. 하지만 미술에서는 정해진 답이 없기 때문에 아이의 뇌는 자유롭게 상상의 날개를 편다. 그래서 아이가 어른도 미처 생각지 못했던 기발한 그림을 그려 낸다.

아름다움과 즐거움을 향유하게 한다

질서와 조화를 스스로 찾아가며 감수성을 기른다. 미술 활동을 통해 미적 질서를 발견하고 아름다움을 찾게 되는 과정을 경험한다.

아이는 대체로 두 살 무렵에 미술 활동이 가능하다. 이때 아이는 손에 잡히는 것으로 어디에든지 낙서를 한다. 이런 시기에 과도한 조기 교육이나 정형화되고 획일적인 미술 교육을 시키는 것도 바람직하지 않다. 부모가 먼저 미술을 즐기면서 아이를 자연으로 데리고 나가거나 미술 전시회에 자주 데리고 다니자. 그러면서 점차 아이에게서 미술적 소양과 재능이 피어나도록 배려하는 것이 좋다.

이제 막 미술 활동을 시작한 아이에게 필요한 말은 4가지다.

🎾 "미술 놀이를 할까?"

아이에게 미술과 놀이를 구분하지 말자. 놀이의 한 부분으로 자연스럽게 미술 교육을 시키자. 그래야 아이가 미술에 대한 거부감이 없다. 창의성 측면에서 볼 때 미술과 놀이의 구별이 무의미하다는 점을 기억하자.

🎤 "이 색을 보면 무엇이 떠올라?"

색에 대한 고정관념을 갖게 하지 말자. 아이의 머리는 백지 상태다. 그런 아이에게 정해진 색의 고정관념을 주입하면 창의성과 상상력을 마음껏 펼칠 수 없다.

🎤 "오늘은 무엇으로 미술놀이를 할까?"

생활 속의 다양한 도구를 활용하자. 미술이라고 해서 반드시 미술 도구를 사용하라는 법은 없다. 장난감, 생활 도구, 주방 도구는 물론 더 나아가 음식 또한 훌륭한 미술 도구가 될 수 있다. 이러한 다채로운 도구를 통해 아이는 미술을 더욱 친숙하게 느끼게 된다.

🎤 "조금만 더 그리면 훨씬 좋아지겠는걸"

그림의 완성도를 높일 수 있도록 격려하자. 처음 아이가 그린 그림은 조잡할 수 있다. 하지만 반복해서 그려 나감에 따라 그림의 묘사력이 더 좋아지게 된다. 이때 부모는 옆에서 그림을 대신 그려 주기보다 격려하자. 그러면 아이는 집중력을 갖고 전보다 더 나은 그림을 그릴 수 있다.

신체운동지능이 높은 아이에게
필요한 말 3가지

그 아이는 유독 다른 아이들에 비해 가만히 있지 못했고, 한 가지 일에 집중하지 못했다. 아이는 6학년이 되던 해에 결국 주의력결핍 과잉행동장애(ADHD)라는 진단을 받게 되었다.

어머니는 아이의 병을 고치는 데 도움이 될 거라고 생각해 아이를 수영장에 데리고 갔다. 그런데 정작 아이는 물을 두려워한 나머지 물속에 들어가기를 꺼려했다. 하는 수 없이 아이는 머리를 물에 담그지 않아도 되는 배영을 먼저 시작했다. 아이는 수없이 반복 훈련을 한 끝에 물 공포증을 이겨 낼 수 있었다.

점차 그 아이의 수영 실력이 눈에 띄게 좋아졌다. 아이는 아무리 훈련을 많이 해도 싫어하지 않았다. 아이는 물속에 있을 때 행복해했다.

마침내 이 아이는 15세가 되던 2000년, 최연소 미국 남자 대표로 시드니올림픽에 참가했다. 여기서 메달을 따지는 못했지만 5개월 후 200미터 접영에서 세계 신기록을 세웠고 이후 올림픽 대회에서 연거푸 신기록을 달성한 끝에 총 23개의 금메달을 따냈다. 이 아이가 바로 수영 황제 마이클 펠프스다. 그는 어찌나 연습에 몰입했던지 이런 말을 했다.

"전 오늘이 무슨 요일인지도 몰라요. 날짜도 몰라요. 전 그냥 수영만 해요."

세계적인 피겨스케이팅 선수 김연아도 마찬가지다. 김연아는 6세 때 처음 스케이팅을 시작했다. 이때 그녀는 공부는 물론 바이올린이나 발레에도 별 흥미를 보이지 않았다. 그녀의 어머니가 그녀를 데리고 간 곳은 빙상 교실이었다. 혹시 그녀가 스케이트에 흥미를 보이지 않을까 하는 생각에서였다.

그런데 그녀는 물 만난 물고기처럼 흥이 넘쳐서 빙상 위를 날아다녔다. 다른 아이들보다도 늦게 스케이트를 시작했지만 그녀의 실력은 보통이 아니었다. 이를 본 선생님이 말했다.

"이 아이에게는 재능이 있습니다. 제대로 교육시켜 보세요."

이때부터 어머니는 아이에게 특별한 관심과 지원을 아끼지 않았다. 아이는 자신이 좋아하는 스케이팅을 마음껏 할 수 있어서 좋았을 뿐만 아니라 한번 연습을 하면 원하는 목표를 이루기까지 결코 멈추는 법이 없었다.

이후 김연아는 초등학교 6학년 때 나간 첫 국제대회에서 우승을 했다. 그녀는 세계적인 피겨스케이팅 여왕으로 서서히 성장해 나갔고 마침내 2010년 밴쿠버 동계 올림픽에서 금메달을 획득했다. 현재의 그녀를 만든 원동력은 무엇일까? 그녀는 실패를 딛고 일어서는 끈기 있는 연습이라고 말한다.

"실수를 할 수도 있어요. 하지만 그 실수를 통해 보다 완벽한 동작에 도전할 수 있게 되죠. 전 두렵지 않아요. 계속 연습하면 그것을 완벽하게 할 수 있으니까요."

마이클 펠프스와 김연아는 스포츠 분야에 뛰어난 재능을 가지고 있었고, 이를 바탕으로 꾸준히 훈련을 반복한 끝에 세계적인 스포츠 스타가 될 수 있었다. 자칫 이들의 운동 재능은 무시받고 빛을 보지 못했을 수도 있었다. 하지만 아이의 특별한 재능을 존중하고 그를 잘 키워 준 부모가 있었기에 이 둘은 전 세계인들이 환호하는 인물이 되었다.

이들처럼 몸을 잘 활용하는 능력은 '다중지능' 이론의 하워드 가드너에 따르면 '신체운동지능(bodily-kinesthetic Intelligence)이다. 이는 사람에게 잠재되어 있는 8가지 지능 곧 언어지능, 논리수학지능, 음악지능, 공간지능, 신체운동지능, 인간친화지능, 자기성찰지능, 자연친화지능 가운데 하나에 속한다. 하워드 가드너는 IQ의 한계를 지적하면서 사람에게 주어진 다중지능에 주목해야 한다고 했다.

"신은 인간에게 IQ 이상의 엄청난 재능을 선물했다."

신체운동지능은 사람의 몸을 이용해 문제를 해결하거나 무엇을 창조하는 능력이다. 이 능력은 손 빨기나 바라보기와 같은 단순한 반사운동에서 시작해 점차 의도한 바에 따라 행동하는 것으로, 몸의 전체나 일부를 통해 감정과 사고를 표현하거나 몸을 균형 있고 조화롭게 조절하는 것을 말한다. 이러한 신체운동지능에는 엄청난 양의 계산, 실행, 전문성이 포함된다.

신체운동지능이 높은 사람의 특징은 무엇일까? 이들은 신체적으로 좋은 균형 감각과 리듬감을 갖고 있어 손을 섬세하게 잘 움직이고 운동을 잘한다. 몸의 움직임을 통해 생각과 감정을 전달하는 데 능숙하고 또한 상대방의 몸짓에서 그 의도를 잘 읽어 낸다. 이들이 잘하는 일은 운동, 춤, 게임, 연기, 보석 세공, 조각 등이다. 이러한 재능을 가진 사람들이 가질 수 있는 직업은 다음과 같다.

운동선수, 무용가, 레크레이션 지도자, 체육교사, 군인, 산악인, 경찰, 치어리더, 경호원, 조각가, 보석 세공 기술자, 카레이서, 파일럿…

아이들의 진로가 다양해지고 있다. 아이들 또한 미래의 직업으로 운동선수나 연예인 등을 희망하는 경우가 적지 않다. 부모들 역시 아이가 그 분야에서 성공하길 바라며 발품을 아끼지 않고 훌륭한 선생님을 찾아가 아이에게 조기 교육을 시키기도 한다. 일례로 몇몇 부모는 연기 재능이 있는 아이를 일찌감치 어린이 연기 학원에 등록 시켜 체계적인 트레이닝을 시키는 일이 있다.

특별히 신체운동지능이 높은 아이라면 관심을 갖는 분야를 잘 찾 아 줘야 한다. 그리고 아이가 꾸준히 땀을 흘려 연습할 수 있도록 옆 에서 응원해 주어야 한다.

신체운동지능이 높은 아이에게 필요한 말은 3가지다.

🎾 "몸을 풀어 보자"

신체운동지능이 높은 아이일수록 한곳에 오래 앉아 있지 못한다. 놀이나 공부를 할 때 한 시간 간격으로 장소를 바꿔 주는 것이 좋다. 이때 몸을 풀자고 하면서 자리에서 일어나 간단한 체조나 몸동작을 유도해 보자. 이렇게 하면 아이의 집중력이 유지된다.

🎾 "잘 하는 것을 찾아보자"

아이가 무용을 잘하는지, 스케이팅을 잘하는지, 골프를 잘하는지 찾 아보자. 부모가 강압적으로 특정 분야를 강요해서는 안 된다. 다양한 분야를 골고루 체험하게 하면서 그중에 아이가 제일 좋아하고 재능을 발휘하는 분야를 찾아내자. 그런 후 적극적으로 지원을 아끼지 말자.

🎾 "꾸준히 연습하자"

아무리 아이에게 재능이 있더라도 연습을 게을리하면 그 분야에서 성공하기 힘들다. 펠프스와 김연아처럼 재능을 바탕으로 한 꾸준한 연습이 있어야 최고가 될 수 있다. 아이가 싫증을 느끼지 않고 또 실패를 두려워하지 않고 매일같이 훈련해 나갈 수 있는 끈기를 가르치자.

경제관념과 독립심 높은 아이로 키우는 '말의 힘'

금융지수(FQ)를
높여 주는 말

아이가 떼를 쓰면 필요 없는 물건도 사 주는가?

아이에게 용돈을 넉넉하게 주는가?

아이의 저금통과 통장이 없는가?

가계부에 대해서 아이에게 전혀 말하지 않는가?

부부가 아이 앞에서 돈 문제로 다투는가?

아이 용돈 주는 날을 종종 잊어버리는가?

위 질문에 '그렇다'는 답이 많이 나올수록 아이의 경제 교육이 제대로 이루어지지 못하고 있는 것이다. 영국의 공공정책연구소 조사에 따르면, 경제 교육을 잘 받은 아이는 그렇지 않은 아이에 비해 35

세가 되었을 때 3만 2천 파운드(약 5,700만 원)의 자산 차이가 생긴다고 한다. 이는 곧 어릴 때 경제 교육을 잘 받아야 성인이 되었을 때 경제적 여유를 누릴 수 있다는 말이다.

이제 유치원 다니는 아이에게 경제 교육을 시키는 것은 너무 이르다고 생각할 수도 있다. 그러나 조기 영어 교육보다 중요한 것이 경제 교육이다.

세계 경제를 이끌어 가는 미국의 경우 유치원 때부터 금융 교육을 실시하고 있다. 미국은 IQ 못지않게 '금융 IQ' 곧 금융지수(FQ: Financial Quotient)를 중요시하면서, 문맹 퇴치만큼이나 '금융 문맹' 퇴치를 대대적으로 펼치고 있다. 미국 13개 주에서는 경제 과목이 필수이며, 유치원 때부터 경제 교육을 실시하고 있다. 여기에 사용되는 교재가 350여 가지인데, 책과 잡지, 게임 등 다양하다. 이러한 미국의 경제 교육의 특징은 이론에서 벗어나 실생활에 바로 활용해 개인의 재무를 잘 관리하는 데 있다. 앨런 그린스펀 전 연방준비제도이사회(FRB) 의장은 "금융 교육은 빠르면 빠를수록 좋다"라고 말했다. 그는 다섯 살때부터 아버지에게 월급과 생활비, 저축, 부채 등에 대해 가르침을 받았으며, 주식과 채권까지 배웠다고 한다. 그러한 조기 교육의 영향인지 그는 연방준비제도이사회 의장직을 다섯 번이나 연임했고, 18년간 미국의 통화, 금리 등 경제 정책을 맡아 수행했다.

제45대 미국 대통령이자 부동산 재벌인 도널드 트럼프는 부동산 사업가인 아버지로부터 아이 때부터 경제 교육을 받았다. 그의 아버지는 이런 말을 남겼다.

"자녀에게 1달러의 가치를 가르치지 않는 것은 식사를 주지 않는 것과 같다."

세계적인 주식 투자가 워런 버핏은 11세에 주식 투자를 시작해, 세계 최고의 부자가 되었다. 그는 6세 때부터 주식에 흥미를 느꼈으며, 8세에 이미 아버지 서가에 있는 주식 책을 읽어 나갔다. 세계 1, 2위의 부자의 자리를 다투는 그 역시 조기 경제 교육의 중요성을 거듭 강조한다.

"항상 좀 더 일찍 시작하지 못한 것에 화가 난다."

"주식 투자를 시작하기 전까지 인생을 낭비하고 있었다."

요즘은 아무리 최고의 학교 성적을 내고, 명문대 졸업장을 갖고 있어도 취직이 어려운 시대다. 어렵사리 취직의 관문을 뚫었다 하더라도 언제 회사를 그만둘지 모른다. 그렇기 때문에, 생존의 차원에서도 더더욱 실용적인 경제 지식이 중요시되고 있다. 돈에 대해 더 잘 알고 돈을 잘 굴려서 더 많은 돈을 벌 수 있는 지식이 필요하다. 《부자 아빠 가난한 아빠》로 유명한 로버트 기요사키는 《기요사키와 트럼프의 부자》에서 재정적 위기에 대한 대책을 이렇게 말했다.

그 해답은 '금융 교육'에 있습니다. 국가와 사회가 나서서 금융 교육을 해 주면 좋겠지만 현실은 그렇지 못합니다. 따라서 여러분 스스로 금융 IQ를 높이기 위한 노력을 기울여야 합니다. 여러분이 가난뱅이로 전락하지 않고 부자의 길로 들어서기 위한 유일한 방법은 그것뿐입니다.

따라서 아이의 경제 교육은 선택이 아니라 의무라는 것을 잊지 말자. 빠르면 만 3세 무렵부터 수와 화폐의 개념을 가르치고, 용돈을 받기 시작하면 본격적으로 경제 교육을 하자. 연령별로 차근차근 경제 교육을 시켜 아이의 금융지수를 높여 주어야 한다. 아이들이 거부감 없이 재미있게 익힐 수 있는 경제 교육 도구로는 무엇이 좋을까?

상점 완구

아이들이 장난감 화폐를 사용해 물건을 사고파는 법을 익힐 수 있다. 자연스럽게 화폐의 기능과 소중함을 깨닫게 된다. 또한 물건마다 각기 다른 가격이 있다는 것과 어떤 물건이 더 가치가 높다는 것을 배우게 된다.

책

아이 수준에 맞는 경제 동화책을 선택하여 함께 읽자. 용돈, 화폐, 가격, 흥정, 시장의 개념을 그림을 통해 생동감 있게 익힐 수 있다.

보드 게임

게임이기 때문에 아이들의 참여도가 매우 높다. '블루마블'의 경우 아이들이 돈을 투자하고 또 돈을 운용하면서 돈을 버는 게임이다. 이러한 게임을 통해 아이들이 저절로 경제의 기초적인 개념을 배울 수 있다.

저금통

아이에게 저축 습관을 길러 주는 데 큰 도움이 된다. 저금통에 돈을 조금씩 모으는 과정을 통해 소비를 줄일 줄 알고 또 원하는 물건을 사기 위해 돈을 모으는 계획을 세우게 된다.

용돈 기입장

아이에게 용돈을 주는 것으로 끝나면 안 된다. 적정한 용돈의 수준은 아이가 약간 부족하다고 느끼는 금액이다. 아이가 용돈 기입장을 써서 돈이 들어오고 나가는 것을 잘 파악하고 계획성 있게 돈을 사용하도록 하자.

석유왕 록펠러는 자녀들에게 첫 용돈으로 3센트를 주면서, 용돈 기입장을 써서 매주 토요일 검사받도록 했다. 이런 경제 교육을 통해 록펠러 가문은 19세기 말에서 20세기 초까지 거부의 대를 이어갈 수 있었다.

아이의 경제 교육 첫걸음을 위해 필요한 말은 무엇일까? 아이가 원하는 것을 다 얻을 수 있다고 생각하고 또 돈은 언제든 생기는 것으로 알면 곤란하다. 아이 때부터 '풍족함' 대신에 '부족함'을 느끼면서 생활해야 한다. 그래야 아이가 경제에 대한 감각을 체험적으로 익힌다. 아이에게 그 어떤 경제 교육보다 더 나은 효과를 내는 말은 바로 이것이다.

🔍 " …가(이) 부족해요"

조기 경제 교육을
시키려면

미국인 가운데 유대인이 차지하는 비중은 고작 2퍼센트에 불과하다. 그런데 이 유대인이 미국 총소득의 15퍼센트를 벌어들인다. 게다가 미국 100대 기업의 소유주와 최고경영자의 40퍼센트가 유대인이다. 이렇게 유대인이 경제 분야에서 탁월한 역량을 발휘하는 이유가 뭘까?

역사적으로 유대인은 나라를 잃고 흩어져 살아온 탓에 생존의 차원에서 경제를 몹시 중요시했다. 타국민의 멸시와 박대 속에서 언제 굶어죽을지 모른다는 위기감이 유대인으로 하여금 돈을 소중히 여기게 만들었다. 그들은 수단 방법을 가리지 않고, 남들이 꺼려하는 일을 마다하지 않고 억척스럽게 돈을 벌어들였다.

이처럼 어려운 환경에서 경제적 자립을 해 온 유대인은 자녀들에게 일찍 하브루타 경제 교육을 시켰다. 이때 자녀에게 '가난은 집안의 50가지 재앙보다 훨씬 나쁘다'는 말을 강조한다. 이를 통해 유대인은 어릴 때부터 자연스럽게 경제 감각을 익히고 또 혼자 힘으로 돈을 벌어 성공하겠다는 사고를 갖게 되었다. 《부모라면 유대인처럼》(고재학 저)을 보면, 유대인의 조기 경제 교육의 단면을 엿볼 수 있다.

"아버지가 사업을 할 경우 자녀를 직접 일하는 현장에 데려가서 고객을 대하는 태도나 사업하는 자세, 자금을 관리하는 방법 등에 대해 교육을 한다. 아버지가 무슨 일을 하고 돈은 어떻게 버는지, 수입은 얼마나 되는지를 자세히 일러 준다. 아이들은 사업 현장에서 직접 부모가 얼마나 어렵게 돈을 모으는지 보기 때문에 용돈을 헤프게 쓰는 법이 없다."

바로 이러한 조기 경제 교육이 유대인을 '상술의 천재'로 키움으로써 미국 경제를 좌지우지하게 만들었다. 더욱이 미국 경제를 책임지는 미국 연방준비제도이사회 의장에는 제12대 폴 볼커, 제13대 앨런 그리스펀, 제14대 벤 버냉키, 제15대 자넷 옐런 등 총 네 명의 유대인이 38년간 바통을 이어받고 있다.

미국은 물론 세계 경제의 리더를 길러 내는 유대인의 조기 경제 교육은 크게 4가지 방향에서 이루어진다.

부에 대한 올바른 생각 형성

유대인은 돈을 절대시하지도 반대로 멸시하지도 않는다. 살아가는 데 매우 유용한 도구이기 때문에 가능하면 많이 가지면 가질수록 좋다고 여긴다. 아이들은 돈의 가치와 필요성을 습득한다. 우리나라 일부 부모들이 아이들에게 돈에 대해 언급하길 꺼려하는 것과 대조된다. "돈은 신경 쓰지 말고 공부나 열심히 해"와 같은 말은 결코 바람직하지 않다. 탈무드에 이런 말이 있다. "돈은 무자비한 주인이지만 유익하고 쓸모 있는 종이기도 하다."

부 축적을 위한 노동 체험

아이가 용돈 이외의 돈을 더 요구할 경우 그냥 주지 말고 반드시 노동으로 그 대가를 치르게 한다. 아이가 할 수 있는 심부름이나 집안일을 시킨 후 돈을 주어 돈의 소중한 가치를 가르친다. 그러면 아이들은 돈을 얻기 위해 어떤 일을 어떻게 해야 하는지 끊임없이 궁리하게 된다.

저축 습관 형성

유대인은 어려서부터 저축 습관을 기른다. 유대인 아이들은 돈을 계획 있게 사용해 현명한 소비를 함으로써 여분의 돈을 늘 저축하는 습관을 가지고 있다. 또한 아이들은 13세가 되어 '바르 미쯔바'라는 성인식을 치를 때 주위 사람들로부터 수만 달러의 축의금을 받는다.

아이들은 이 돈을 저축한 후 훗날 사회에 진출할 때 종잣돈으로 사용한다.

자선과 기부 마인드 형성

유대인 아이에게는 '쩨다카'라는 두 개의 저금통이 있다. 하나는 자신을 위한 것이고, 다른 하나는 이웃과 나라를 위한 것이다. 아이들은 동전이 가득 차면, 통을 깨고 어려운 이웃을 위해 기부한다. 기본적으로 아이들은 자신의 용돈 중 일부는 나누고 베푸는 데 사용해야 한다고 배운다. 워런 버핏, 마크 저커버그가 천문학적인 돈을 사회에 환원한 것도 어릴 때부터 형성된 자선과 기부 마인드의 영향이 있다.

경제 교육은 아이의 나이에 맞게 차근차근 진행하는 것이 좋다. 한두 살의 아이는 인지능력이 떨어지므로 이때는 '엄마 거', '아빠 거' 그리고 '아이 거'로 물건의 소유를 알려 주자. 이를 통해 아이는 내 것과 남의 것을 구별하게 된다. 세 살의 아이는 어느 정도 의사소통이 가능하고 또한 자기 것에 대한 분명한 소유 개념을 터득한다. 이때부터 장난감, 그림책, 저금통을 이용해 돈을 활용하는 법을 가르친다. 네다섯 살의 아이는 수의 개념을 이해하기 때문에 화폐에 대해 가르쳐 주자. 이때부터 본격적으로 경제 교육을 하는 것이 좋다. 용돈을 주고 통장을 만들어 주거나 마트나 은행에 데리고 가서 경제 현장을 체험하게 하자. 또한 아이와 돈에 대한 이야기를 자주 하자.

아이에게는 경제 교육을 위해 어떤 말을 하는 것이 좋을까?

🎤 "돈에 대해 이야기해 보자"

아이와 돈에 대해 이야기하는 것을 꺼려해서는 안 된다. 돈의 가치에 대해, 그리고 엄마가 작성하는 가계부에 대해 자주 이야기하자. 이 과정에서 아이는 돈의 소중함을 깨우친다.

🎤 "공짜는 없어"

용돈을 다 쓰고 또 요구할 때는 집안일을 돕는 등의 대가를 치르게 한 뒤 준다. 그래야 아이의 경제적 자립심이 튼튼해진다. 훗날 성인이 되었을 때 부모의 도움 없이도 독립할 수 있다.

🎤 "저축하자"

아이의 뇌리에 '저축'이라는 말이 각인되도록 해야 한다. 그래서 돈이 생길 때 가장 먼저 저축을 생각하게 만들어야 한다. 이를 통해 저축하고 남은 돈으로 소비하는 습관을 기르게 하자.

🎤 "나누고 베풀자"

부자의 도덕성은 하루아침에 만들어지지 않는다. 어릴 때부터 늘 어려운 이웃과 나누고 베푸는 생활이 몸에 배게 하자.

용돈 교육을 위한
아빠의 말

나는 아이들에게 일찍부터 돈에 대해 가르치는 일이 필요하다고 생각한다. 이런 점에서 아버지 세대와 나는 다른 생각을 갖고 있다. 내가 우리 아이들에게 신경을 많이 쓰는 것 가운데 하나가 경제 교육이다. 나는 가급적 우리 가정의 경제 사정을 구체적으로 아이들에게 설명해 주는 편이다. 여기에는 내가 살아오면서 갖게 된 부에 대한 생각 때문이다.

자기경영 전문가 공병호의 《10년 후 성공하는 아이, 이렇게 키워라》에 나온 말이다. 그의 아버지는 어떤 일이 있어도 자녀들에게는 돈 이야기를 하지 않고 또 돈 걱정을 시키지 않겠다는 신조를 가진

분이었다. 집안이 아무리 어려워도 단 한 번도 돈에 대한 언급을 하지 않았다. 이런 아버지 밑에서 그는 전혀 경제 교육을 받지 못했다.

그의 아버지뿐 아니라 그 시대 아버지들은 대부분 그랬다. 아이들은 자라면서 일절 가정 경제에 대한 이야기를 듣지 못하고 자라났다. 아이들은 오로지 공부에만 신경을 써야 하며, 돈을 밝히는 것은 졸부가 하는 짓이라는 생각 때문이었다.

아이에게 일찍 경제 교육을 시킬 때 생기는 이점이 무엇일까? 공병호는《10년 후 성공하는 아이, 이렇게 키워라》에서 부모에게 경제 교육을 받게 되면 아이들도 가정이 유지되기 위해서는 돈이 필요하고, 그래서 부모가 열심히 돈을 번다는 사실을 자연스럽게 이해하게 되며, 아이들이 가족의 일원으로서 가정의 재무 상태를 알고 있는 것은 당연한 일이라고 밝혔다.

독일의 자녀 경제 교육서《초등 1학년, 경제 교육을 시작할 나이》의 저자 바바라 케틀 뢰머도 또한 말한다.

만약 여러분이 돈에 대해 아무것도 이야기해 주지 않는다면 아이들은 어디에서 돈에 대해 배우게 될까요? 미디어를 통해서? 친구를 통해? 학교에서? 비단 돈에 관해서뿐만 아니라 인생의 중요한 문제를 이러한 외적인 요소에 의존해 양육하기를 원하는 사람은 없을 것입니다. 그건 위험하니까요. 돈에 관한 교육을 제대로 받지 못하면 부채가 생길 수도 있습니다. 최악의 경우에는 개인 파산에 이르는 등 돈 문제로 어려움을 겪을 수도 있지요. 우리는 당연히 우리 아이가 이런 일을 겪지 않기를 바랍니다.

이처럼 아이가 일찍 경제 교육을 받아야 좋은데, 경제 교육 가운데 효과적인 것은 직접 경제 활동을 하는 것이다. 아이의 경제 교육을 중시하는 독일에는 어린이용 벼룩시장이 있다. 이곳에서 아이들은 자신이 쓰던 장난감, 옷, 동화책 등을 흥정하면서 판다. 초등학교에 입학하지도 않은 아이들이 직접 중고 물건을 팔면서 경제 활동을 체험한다. 이런 아이가 13세가 되면 법적으로 아르바이트를 할 수 있다. 이렇게 경제 교육을 잘 받은 아이들이 성인이 되면 대부분 부모를 떠나 경제적 독립을 한다.

우리 주변에서 경제 교육을 제대로 받지 않은 아이들을 쉽게 볼 수 있다. 그런 아이는 새로 사 준 물건에 쉽게 싫증을 내고 또 물건을 사 달라고 떼를 부리며, 유명 브랜드만을 고집한다. 또한 용돈을 받으면 한 번에 다 써 버리고 계획성 있게 돈을 모을 줄 모른다. 문제는 이런 성향이 어린 시절에만 그치지 않는다는 점이다. 청소년이 되어서도 마찬가지다. 이때부터 아이를 키우는 데 돈이 몇 배로 더 들어가는데 감당이 되지 않는다. 이때는 이미 아이의 경제 습관이 잘못 길들어져 버렸고, 아이는 경제적 여유가 있는 미래와도 거리가 멀어지게 된다.

따라서 어릴 때 경제 교육을 잘 시켜야 한다. 특히 경제에 밝은 아빠의 역할이 크다. 물론 맞벌이 부부도 있지만 대개 아이에게는 '아빠는 가족의 생계를 책임지는 사람'이라는 인식이 있다. 그러므로 직장 생활을 하면서 다양한 경제 활동을 하고 있는 아빠가 아이에게 실용적이며 체험적인 경제 교육을 할 수 있다. 아빠의 경제 교육으로 효과적인 것은 용돈 교육인데, 이때 아이에게 건넬 수 있는 말은 3가지다.

🎾 "백 원이 모여야 천 원이 된다"

아이들이 받는 용돈의 단위는 보통 천 원, 만 원이다. 그렇기 때문에 아이가 동전을 쓸모없는 것으로 생각할 수 있다. 동전 하나하나가 모여 천 원이 되고, 천 원이 모여 만 원이 된다는 점을 아이가 체험적으로 알 수 있도록 배려해야 한다. 집 안에 동전이 나뒹굴어 다니면 안 된다. 아빠는 아이에게 동전을 모아 두는 저금통을 만들어 주고, 동전을 많이 모으면 칭찬을 아끼지 말자. 이와 함께 입버릇처럼 늘 "백 원은 소중해"라는 말을 반복하자.

🎾 "용돈으로 뭘 할래?"

습관적으로 용돈을 주는 것으로 끝나면 곤란하다. 아이의 손에 풍족하게 용돈만 쥐어 주고 나서 더 이상 신경 쓰지 않는다면, 이는 곧 아이의 경제 지수를 망치는 것과 같다. 용돈을 주는 것 못지않게 용돈으로 무엇을 할지에 대한 계획을 아이와 이야기하자. 강압적으로 방향을 정하기보다는 토론으로 방향을 찾아가는 것이 좋다. 아이가 용돈으로 의미 있는 일에 사용하는 데 계획을 잘 세울 수 있도록 아빠가 "이번에 용돈 받으면, 어디에 쓸 건데?" 라고 물으며 관심을 기울이자.

🔍 "용돈 기입장을 쓰자"

부부가 살림을 알뜰하게 꾸려 나가기 위해 가계부를 작성하듯, 아이는 어릴 때부터 용돈 기입장을 쓰는 습관을 가져야 한다. 아이가 작성하는 용돈 기입장은 간단하다. 받은 용돈을 어느 곳에 얼마큼 지출했는지를 꼼꼼히 작성하면 된다. 이러한 지출 내역을 하나하나 새겨 보면서 아이들은 지출을 줄이는 계획을 세우게 된다. 아이들이 용돈 기입장을 쓰는 일에 익숙하지 않을 때는, 아빠가 옆에서 "용돈 기입장을 쓰자"라고 말하면서 도움을 주자. 아이는 지켜봐 주는 아빠가 있기 때문에 용돈 기입장 쓰는 데 재미를 느끼게 된다.

"벼룩시장에서
장사해 볼래?"

세계적인 주식 투자가 워런 버핏은 아주 어릴 때부터 장사를 했다. 그가 처음 장사를 한 나이는 6세였다. 여섯 살짜리 워런 버핏이 한 점포에 나타나자 점포 주인이 눈을 둥그렇게 떴다.

"무슨 일로 왔니?"

어린 버핏은 또박또박 말했다.

"동네 사람들에게 콜라를 팔 거예요. 그러니까 저에게 도매가로 콜라를 파세요."

어린아이의 말이 당돌하게 느껴졌다. 과연 이 아이의 말이 진짜인지 의심스러웠다. 하지만 아이의 눈빛이 조금도 흔들리지 않았다.

"한 세트가 25센트인데 돈 있니?"

그러자 버핏이 주머니에서 돈을 꺼내어 점포 주인에게 내밀었다. 점포 주인은 대견스럽다는 듯 미소를 띠면서 돈을 받았다.

"어린아이가 매우 똘똘하구나. 그래, 장사를 잘해 보렴."

버핏은 도매가에 구입한 콜라에 5센트를 붙여 30센트에 팔았다. 동네 사람들은 아이가 귀엽다면서 일부러 콜라를 사 주었다. 여기서부터 워런 버핏의 '비즈니스'가 시작되었다. 십 대가 되어서도 다양한 돈벌이를 했다. 신문 배달, 중고 골프공 판매, 중고차 임대, 핀볼 게임기 임대를 했다. 또한 11세에는 주식 투자를 시작했다. 이때 주식에 대한 자신감이 생긴 그가 말했다.

"30세에 백만장자가 될 것이다."

실제 그는 혼자 힘으로 모은 9,800달러를 밑천으로 본격적인 주식 투자를 시작해 30세에 백만장자의 꿈을 이루었다. 이후 그는 지주회사 버크셔 해서웨이를 발판으로 억만장자가 되었다.

세계 최대 유통 기업 월마트의 창업주 샘 월튼도 마찬가지다. 그는 일곱 살부터 신문 배달을 시작했는데, 이 일을 대학 때까지 했다. 그는 신문 배달은 물론 잡지 판촉, 우유 배달, 식당 웨이터, 수영장 안전 요원 등 다양한 아르바이트를 하면서 대학 때까지 학비와 생활비를 조달했다. 또한 대학 시절에는 신문 배달로만 연간 4천~5천 달러를 벌었는데 이 돈은 나중에 첫 가게를 낼 때 창업 자금이 되었다.

훗날 그는 자서전에서 이렇게 말했다.

나는 아이들도 그저 돈을 쓰는 사람이 아니라 가계에 조금이라도 보탬을 줄 수 있어야 한다는 사실을 어릴 때부터 배웠다. 1달러를 벌기 위해 얼마나 힘들게 일해야 하는지 나는 열 살이 되기 전에 깨달았다. 월마트가 낭비하는 1달러는 고객의 주머니에서 나온 것이다. 고객을 위해 1달러를 절약할 때마다 우리는 경쟁에서 한 걸음 앞으로 나서게 된다.

워런 버핏과 샘 월튼은 엄마에게 어리광 부릴 나이에 일찍 경제 활동을 시작했다. 주목해야 할 점은 이들의 부모다. 이들의 부모는 아이가 밖에서 사람들을 만나서 물건을 팔거나 신문 배달 하는 것을 적극 지지해 주었다. 그 결과 이 둘은 경제에 관한 한 매우 일찍 조기 교육을 받은 셈이다. 그들은 이러한 경험을 통해 얻은 탁월한 비즈니스 감각을 강점으로 내세워 세계적인 경제인이 될 수 있었다.

미국의 경우 연방법에 따라 만 14세부터 근로가 가능하며, 학기 중에는 주당 18시간까지 일할 수 있다. 아르바이트 종류는 패스트푸드점 점원, 이웃 아이 돌보기, 잔디 깎기, 자동차 세차, 배달 등 다양하다. 이렇게 해서 미국 전체 청소년의 85퍼센트가 고등학교를 졸업하기 전에 각종 아르바이트를 한다. 이들이 아르바이트를 하는 이유는 뭘까? 가정 형편이 어려워서일까? 꼭 그렇지는 않다. 94퍼센트가 스스로 용돈을 벌기 위해 아르바이트를 한다. 그래서인지 미국의 10대는 경제관념이 강한 편이다.

이에 비해 우리나라의 10대는 극히 일부만 아르바이트를 한다. 대부분의 10대는 공부에 매달리고 있다. 그 결과 우리나라의 10대는 경제 개념이 매우 부족하다. 용돈은 무조건 부모에게서 받아야 하는 것으로 생각하고, 저축에 대한 필요성도 느끼지 않는다. 게다가 직접 땀 흘려 돈을 벌어 본 경험이 없기에 절제를 모른다. 새로운 물건이 생기면 충동적으로 구매하며, 친구가 유명 브랜드 옷을 입으면 자신도 모방 구매를 하고, 꼭 필요하지 않는 물건도 일단 사고 본다. 이런 경제 마인드를 가진 10대에게서 세계 경제를 이끌어 가는 리더를 기대하기는 어렵지 않을까?

부모는 아이가 영재이길 바란다. 수학에 뛰어난 재능을 발휘하거나, 영어를 유창하게 하거나, 음악 미술 체육에 뛰어난 재능을 발휘하길 바란다. 그러면서 아이가 성장해 유명한 인물이 되는 것과 함께 남부럽지 않은 부를 축적하길 바란다. 아이에게 경제적인 마인드와 재능을 전혀 길러 주지도 않은 채 말이다.

경제 영재는 따로 없다. 부모가 아이의 경제 마인드와 재능의 싹을 틔워 줄 수 있도록 차근차근 경제 교육을 잘 시키는 것이다. 한국은행의 '어린이 경제 교육 10계명'을 우리 아이의 경제 교육에 참고해 보자.

1. 적당한 액수를 정해 용돈을 정기적으로 주라.

2. 가사 일을 도운 대가로 용돈을 주지 말라.

3. 성적과 용돈을 연관시키지 말라.

4. 가계부를 기록하는 모습을 보여 주고 용돈 기입장을 기록하게 하라.

5. 생일잔치를 경제 교육의 기회로 삼으라.

6. 저축은 자신의 용돈으로 하게 하라.

7. 돈을 저금통에 넣어 두지 말고 금융기관을 이용해 저축하게 하라.

8. 충동·과시·모방 소비를 조기에 막으라.

9. 자녀에게 미안한 마음을 물질적으로 보상하지 말라.

10. 물건의 소중함과 물자 절약의 중요성을 강조하라.

워런 버핏, 샘 월튼 같은 세계적인 기업인으로 아이가 성장하길 바라는 부모라면 작은 활동부터 체험시켜 보자.

일일 벼룩시장에 아이를 데리고 가서 함께 중고 물건을 팔아 보는 것이다. 이때 부모는 옆에서 지켜봐 주고, 아이가 직접 장사를 해 보도록 시킨다. 그러면 아이가 신이 나서 손님을 맞이하며 돈 버는 재미를 직접 체험한다. 이런 경험은 경제적 감각을 키우는 데 도움이 될 것이다.

아이의 경제 활동 체험을 위해 다음과 같이 말해 보자.

🎤 "벼룩시장에서 장사해 볼래?"

아이의 '부자지수'를
쑥쑥 높이는 5계명

가난한 아버지: 돈을 좋아하는 것은 모든 악의 근원이다. 공부 열심히 해서 좋은 직장을 구해야 한다. 돈은 안전하게 사용하고 위험은 피해라. 똑똑한 사람이 되어야 한다.

부자 아버지: 돈이 부족한 것은 모든 악의 근원이다. 공부 열심히 해서 좋은 회사를 차려야 한다. 무엇보다 위험을 관리하는 법을 배워라. 네가 똑똑한 사람을 고용해야 한다.

로버트 기요사키의 《부자 아빠 가난한 아빠》에 나오는 글이다. 아마도 대부분의 부모들이 '가난한 아버지'처럼 아이에게 경제 교육을 하고 있을 것이다.

이 책에는 두 아버지가 나온다. 교육을 많이 받았지만 가난한 로버트 기요사키의 아버지와 교육을 많이 못 받았지만 부자인 친구 아버지. 그는 친구 아버지에게 큰 가르침을 받고 나서, 훗날 미국에서 백만장자이자 유명한 글로벌 투자 교육가가 된다. 그는 왜 부자가 되어야 하는지 그 이유를 책에서 이렇게 말한다.

평생 두려움 속에 살면서 자신의 꿈을 펼치지 않는 것은 정말 잔인한 일이지. 돈을 위해 일하면서 돈만 있으면 행복하다고 생각하는 것도 잔인한 일이고, 한밤중에 깨어나 청구서 처리에 겁을 먹는 것 또한 끔찍한 일이지 않겠니. 월급 봉투의 크기로 결정되는 삶은 삶이라고 할 수 없다. 직장이 안정감을 줄 거라고 생각하는 것은 자신에게 거짓말을 하는 것과 같다. 그것은 잔인한 일이며, 나는 너희만큼은 그런 함정을 피했으면 한다. 나는 돈이 사람들의 삶을 어떻게 지배하는지 잘 보아 왔다. 너희들은 그렇게 되지 말아야 한다. 절대로 돈의 지배를 받아서는 안 된다.

로버트 기요사키는 돈이 많을수록 좋다고 하지만 결코 돈 그 자체에 목적을 두지 않았다.

우리 아이가 돈 때문에 힘든 인생을 살지 않게 하기 위해서는 부자 아빠처럼 내 아이에게 돈을 잘 알 수 있도록 경제 교육을 시켜야 한다. 그러기 위해선 '내 아이 부자 만들기 5계명'을 참고하자. 이를

중심으로 매일 아이에게 경제 교육을 시킴으로써 아이의 '부자 지수'
를 쑥쑥 성장시키자.

🎙 1계명: "엄마, 아빠처럼 따라 해 봐"

아이는 스펀지처럼 엄마 아빠의 습관을 흡수해 그대로 따라 한다.
따라서 엄마, 아빠가 평소 모범적인 경제생활을 보여줘야 한다. 동
전 한 개라도 아끼고, 사용하지 않을 때는 불을 끄고 플러그를 뽑으
면서 아끼는 모습을 보여 주자. 또한 물건을 사 왔을 때 어떻게 절약
했는지에 대해 말해 주자. 그러면서 "엄마, 아빠처럼 동전을 아끼자",
"엄마처럼 물건 값을 절약해"라고 말하자. 이것이 별도의 경제 교육
보다 더 좋은 효과를 낸다.

🎙 2계명: "가계부를 함께 보자"

가정의 경제 상황을 고스란히 보여 주는 것이 가계부다. 가계부를
보면 한 가정이 알뜰하게 경제를 꾸려 가는지, 흥청망청 소비하는지
또한 풍요로운지 빈곤한지 알 수 있다. 이를 부모가 주기적으로 작
성할 때 아이를 참가시키자. 어떤 물건을 사서 돈이 얼마나 들었다
거나 이번 달에는 지출이 많았다거나, 혹은 이번 달에는 돈을 많이
저축했다는 것을 일일이 예를 들어 설명해 주자. 아이가 철이 들어
감에 따라 돈의 소중함에 대해 깨닫게 된다. 또한 자신의 용돈을 어
떻게 관리해야 하는지에 대한 요령을 터득한다.

🔖 3계명: "마트에 함께 가자"

아이가 마트에 갈 때마다 이것저것 사 달라고 떼를 쓴다면 경제 교육을 잘 시키지 못한 것이다. 아이를 마트에 데리고 갈 때는 준비를 잘해야 한다. 우선 아이와 함께 사야 할 물건 목록을 미리 작성한 후 마트에 가도록 하자. 이때 아이에게 장 보는 데 쓰는 돈이 제한되어 있다는 점을 각인시키자. 그러면 아이는 눈에 들어온 물건의 유혹에도 잘 흔들리지 않는다. 만약 아이가 물건을 사 달라고 떼를 쓸 경우에는 계획된 물건만 사야 한다는 점, 그래야 다른 물건을 살 수 있다는 점을 아이에게 납득시키자.

이와 함께 아이에게 같은 종류의 물건이지만 가격대가 다르게 표시되어 있는 것을 보여 주자. 아이가 가격표를 비교하면서 제한된 돈으로 어떻게 하면 합리적이며 효율적인 소비를 할 수 있는지를 알게 된다. 마트에서 나올 때는 아이에게 영수증을 챙기게 하는 것도 좋다. 집에 돌아와 어떤 물건을 얼마에 지출했는지를 확인시키자.

🔖 4계명: "투자를 배워 보자"

아이에게 절약이나 저축과 달리 투자를 강조하기는 쉽지 않다. 부모는 아이에게 절약과 저축 외에 투자가 있다는 것을 알려 주자. 워런 버핏은 어릴 때 주식 투자를 시작했는데, 이런 경험이 훗날 가치 투자의 발판이 되었다. 주식이 무엇인지 가르쳐 주고, 가치가 변동되는 것을 알려 주자. 세뱃돈을 주식으로 주면서 시작해 볼 수도 있다.

🔍 5계명: "경제 토론을 해 보자"

용돈을 정할 때 일방적으로 정하기보다는 아이와 토론하면서 합리적인 결과를 얻어 내자. 집안의 가계에서 대해서도 아이와 토론하자. 아빠 회사가 어려워져 수입이 줄어들었다거나, 물가가 상승해 가계 지출이 늘었다거나 하는 다양한 일상의 일을 매개로 해서 아이와 경제 토론을 하면 아이의 경제 마인드와 부자 지수가 높아진다.

독립심을 위해서는
독일 부모처럼 말하라

세 살 된 아이가 이런저런 요구를 해 대면 어떻게 반응하는가? 상당수 부모는 아이의 요구에 그대로 따른다. 아이의 요구에 대해 어떻게 대응해야 하는지 먼저 생각하는 경우는 많지 않다. 그러한 대응은 아이가 초등학교에 들어갈 때까지도 계속 이어진다.

아이가 혼자 무슨 일을 하다가 다치거나 잘못될까 걱정이 되어 아이를 따라다니면서 하나에서 열까지 다 해 주고, 아이에게 필요한 것은 무엇이든지 미리 챙겨 준다. 그래야 마음이 편하다.

아이가 혼자서 못하는 일이라면 상관없다. 그런데 아이가 혼자서도 할 수 있는 일을 부모가 다 해 줘도 괜찮을까? 이는 과잉 육아에 해당한다. 이러한 과잉 육아는《내 아이를 망치는 과잉 육아》의 저자 킴 존 페인에 따르면, 아이의 정서에 좋지 않다고 한다.

"부모의 과잉보호는 긴장감을 낳는다. 아이는 부모의 정서를 '먹고' 자라고, 부모가 조성하는 분위기에 그대로 영향을 받는다. 부모가 불안해하고 지나치게 예민하게 반응하면 아이 역시 마찬가지로 불안하고 예민해진다. 이것이 심해지면 아이의 행동 스펙트럼을 한쪽으로 치우치게 할 수 있다."

이와 더불어 과잉 육아가 아이에게 더더욱 안 좋은 점이 있다. 보통 아이가 18~36개월이 되면 어느 정도 인지능력과 신체능력이 발달한다. 이때부터 아이는 혼자 행동을 시도한다. 이러한 시도가 많아지면서 아이는 엄마의 도움 없이 혼자 할 수 있는 일이 많아진다. 점차 아이는 엄마와 자신은 별개로 떨어져 있음을 인식하고, 자신이 할 수 있는 일은 스스로 찾아서 해 나가게 된다. 이 과정에서 아이는 독립심을 익힌다. 그런데 엄마가 과잉보호하면서 아이가 할 일을 빼앗으면 아이는 독립심을 익히지 못한다.

엄마와 따로 떨어진 인격체인 아이는 언제까지나 부모 품에서 살지 않는다. 부모는 아이에게 많은 사랑을 베풀어 주되, 아이의 독립심을 키워 줄 책임이 있다. 새들을 보자. 어미 새는 새끼를 낳으면 보호하고 먹이를 주는 것으로 끝나지 않는다. 아기 새들이 날개를 펼쳐 하늘로 날아오르는 것을 독려한다. 몇 번이고 실패한 끝에 아기 새는 멋지게 공중으로 날아오른다. 이와 함께 먹이를 찾는 법도 가르쳐 준다. 이렇게 어미 새는 아기 새가 혼자 살아가는 데 필요한 준비를 시킨다. 그렇기 때문에 "괜찮아, 엄마가 해 줄게", "이건 하지 마"라고 말하는 과잉보호는 결코 아이에 대한 진정한 사랑일 수 없다. 과잉보호는 아이 혼자 힘으로 공중으로 날아오르고 먹이를 찾는 능력을 앗아 버리기 때문이다.

영화 〈니모를 찾아서〉에는 애지중지 키우던 아들 니모를 찾아 나선 아빠 물고기 말린이 나온다. 말린은 한쪽 지느러미가 부실한 니모를 과잉보호하며 키운다. 그런 니모가 잠수부에게 잡혀 가고 만다. 니모를 찾는 과정에서 말린은 새끼 거북이가 알에서 태어나자마자 바다 위에 떠가는 것을 보고 독립심을 키우는 것이 중요하다는 것을 배운다. 결국 어렵사리 니모를 찾은 아빠 말린은 과잉보호를 멈추고, 아이에게 다양한 경험을 통해 독립심을 길러 주기로 한다.

아이의 독립심과 자립심을 키워 주는 독일식 육아법을 살펴보자. 아이의 독립심의 시작은 엄마와 떨어져서 잠자기다. 우리나라의 경우 엄마가 아이를 재워 주지만 독일에서는 부모가 아이를 재워 주지 않는다. 아이가 스스로의 힘을 믿을 수 있도록 하기 위한 것으로, 아이가 무서워하면 부모가 항상 옆에 있다는 것을 알려 주고 혼자 잠들 수 있도록 도와준다. 아이는 마냥 운다고 문제가 해결되지 않는다는 것을 시간이 지나면서 자각한다. 이로부터 아이는 스스로 알아서 행동하는 법을 익혀 나간다.

물론 독일식 양육 방식에는 논란의 여지가 없지 않다. 우리나라

실정에서는 그냥 따라 할 수 없는 면이 있다. 하지만 아이의 독립심을 키워 주기 위해서는 독일식 육아법에 참고할 사항이 많다. 독일 부모의 교육법을 참고해 부모가 아이의 독립심을 키워 주기 위해 해야 하는 말은 4가지다.

🔍 "혼자 놀아 봐"

독일의 놀이터에는 부모를 찾아보기 어렵다. 혹여 아이가 놀다가 다칠까 봐 걱정돼서 놀이터에서 아이를 감시하는 부모가 전혀 없다. 독일 부모는 아이가 알아서 놀도록 내버려 두고 인근 카페에서 부모들끼리 시간을 보낸다. 이렇게 해서 아이의 시선에 항상 엄마가 없기 때문에 아이는 문제 상황을 스스로 해결한다. 친구와 다투는 일이 생길 때도 혼자 갈등을 해결하고, 또 장난감을 분실해도 혼자서 찾으며, 뛰다가 넘어져도 씩씩하게 일어서는 법을 익힌다. 이제 우리도 아이에게 "혼자 놀아 봐"라고 말하자. 아이가 보이는 근처 벤치에 앉아서 지켜보더라도 되도록 아이는 아이들끼리 또는 혼자서도 잘 놀 수 있게 하자.

🔍 "불은 위험해"

독일 부모는 아이를 혼자 내버려 두지만, 반드시 주의해야 할 점을 아이에게 인지시킨다. 아이가 혼자 있게 될 경우 위험한 상황에 노출되기 쉽다. 대표적으로 위험한 것이 불이다. 특히 가스레인지 같은 경우 잘못 다루면 아이는 물론 집안에 큰 해를 준다. 매우 신중하게 다루어야 하는 불에 대해 "불은 매우 위험해"라고 교육시킨다.

🎾 "혼자 힘으로 해 봐"

독일 아이들은 정해진 시간이 되면 스스로 잠자리에 든다. 눈이 말똥말똥 해도 아이들이 잠을 자기 위해 각자 자기 방으로 간다. 잠이 오지 않으면 침대에 누워 시간을 보낸다. 이처럼 아이들에게 규칙을 철저히 지키는 습관을 교육시킨다. 또한 아이에게 자주 심부름을 시킨다. 아이들은 누구의 도움도 받지 않고 스스로 심부름을 해낸다. 아이에게 "혼자 힘으로 해 봐"라고 말하면서, 아이가 스스로 일을 할 기회를 자주 만들어 주자.

🎾 "밖으로 나가자"

독일에서는 아이를 자주 집 밖으로 데리고 나가 아이를 걷게 한다. 비가 오거나 날이 추워도 상관하지 않는다. 아이를 집 안이라는 온실에서 나오게 한 후 밖에서 갖가지 체험을 시킨다. 다양한 사람들과 사물을 접하게 하면서 새로운 환경에 노출시킨다. 이 과정에서 아이는 다양한 상황에 당황하지 않고 자신감 있게 대처할 수 있게 훈련된다. 아이에게 "밖으로 나가자"라고 말하면서, 날씨에 상관없이 여러 곳을 데리고 다녀 보자.

응원 메시지를
반복하라

"세계적인 기업인이 되려면 뭘 배워야 합니까?"

그는 일본의 한 고등학교를 중퇴하고 유학을 준비하고 있었다. 재일교포 3세인 그는 일본인에게 차별을 받고 자라 왔다. 그는 교사, 정치인, 화가 등을 꿈꾸었지만 일본인의 차별이 심해 포기했고 그 대신 혼자 힘으로 설 수 있는 기업인을 선택했다. 그래서 기업인이 될 수 있는 비결을 알고자 무작정 지방에서 도쿄로 상경해 일본 맥도날드 설립자 후지타를 찾았다.

학생의 말을 들은 후지타 대표가 미소를 지었다. 학생의 말이 당돌하면서도 대견했다. 그는 학생의 말에 진심이 느껴지자 그에게 조언을 해 주었다.

"앞으로는 인터넷, 노트북 사업이 유망하네. 이 사업이 모든 사업 중에서 제일 선두에 설 거야."

이 조언에 힘입은 그는 미국으로 유학을 떠나 경제학과 컴퓨터공학을 공부했다. 이후 대학을 졸업하면서 마이크로 칩을 활용한 번역기를 만들어 파는 벤처 기업을 세워 밑천을 마련하여 일본으로 돌아왔다. 그리고 전설적인 기업 소프트뱅크를 창업했다. 이때만 해도 아무도 이 회사를 눈여겨보지 않았다. 하지만 얼마 지나지 않아 회사에서 내놓은 소프트웨어가 대박을 치면서 승승장구한다. 이렇게 해서 손정의는 'PC계의 신동'이라 불리며 세계적인 기업인으로 발돋움했다.

자본도 인맥도 없던 그가 이처럼 놀라운 성취를 할 수 있었던 것은 바로 그의 아버지가 해 준 말의 힘이었다. 아버지는 그의 사기를 높여 주려고 늘상 이렇게 응원해 주었다.

"너는 천재다, 천재야. 너는 뭐든지 할 수 있어."

이 말이 그의 사기를 살려 주었고, 그가 큰 꿈을 품을 수 있게 만들었다. 그는 항상 '나는 천재다'라고 되뇌게 되었고, 이런 자신감으로 19세에 인생 50년 계획을 세웠다. 그는 혼자 힘으로 무엇이든 해낼 수 있다는 자립심과 독립심이 충만했다.

20대에 이름을 날린다.

30대에 최소한 1천억 엔의 군자금을 마련한다.

40대에 사업에 승부를 건다.

50대에 연 1조 엔 매출의 사업을 완성한다.

60대에 다음 세대에게 사업을 물려준다.

놀랍게도 60대에 은퇴를 철회한 것을 제외하고 이 계획이 모두 이루어졌다. 아버지로부터 '천재'라는 소리를 들으며 한껏 사기가 오른 그는 인생을 자신의 두 손으로 개척하겠다는 의지가 강했다. 소프트뱅크를 설립할 때, 그는 사과상자 위에 올라가 단 두 명의 직원 앞에서 이렇게 호언장담을 했다.

"20년 후 수십조 원 규모의 대기업이 될 것입니다."

어렸을 때 열등감이 많았고 특출나게 잘하는 것도 없고 소극적이라 미래에 대한 꿈도 전혀 없었던 내게도 늘 말로 사기를 높여 주었던 어머니가 계셨다.

엄격하고 말수 적은 아버지와 달리 어머니는 항상 자상하게 많은 말을 해 주셨다. 그중에서도 자주 이런 응원을 반복했다.

"즐겁게 살아라. 즐겁게, 즐겁게."

무엇 하나 잘하는 것이 없는 나였지만 어머니의 말씀은 나의 사기를 높여 주어 낙천적으로 웃음을 잃지 않을 수 있었다. 그리 밝은 미래가 보이지도 않았지만 하루하루를 즐거운 마음으로 보내는 것이 습관이 되었다. 아무리 안 좋은 일이 생겨도 어머니의 말이 뇌리에

맴돌았기 때문에 곧 기운을 차릴 수 있었다.

현재 나는 수많은 청중을 즐겁게 하면서 강의를 하고 있다. 이는 '즐겁게 살라'는 어머니의 말씀 덕이라고 생각한다. 청중을 즐겁게 하지 않으면 결코 좋은 강의가 될 수 없는데, 좋은 강의가 되려면 기본적으로 강사가 즐거워해야 한다. 난 '즐겁게, 즐겁게'를 모토로 살아가고 있으니까, 내 강의는 당연히 최고가 될 수밖에 없었다. 그래서 매번 내 강의는 평점 만점을 받고, 앵콜 요청이 쇄도한다. 어머니의 응원의 힘으로 나는 교육 강의 분야에서 스타 강사의 반열에 오르게 되었다.

부모는 아이의 사기를 높여 주는 응원단이 되어야 한다. 아이는 매일매일 힘든 경기를 치르는 선수와 같다. 걸음마, 말과 행동 방식을 배우는 과정에서 여러 번 실패를 거듭하다 마침내 성공을 해낸다. 매번 성공을 해내기란 어렵다. 게다가 아이의 인지능력이 높아짐에 따라 부모의 기대와 요구를 맞추려고 애쓰기 시작한다. 이 또한 만만치 않은 과제다.

이런 아이에게는 잘한 점에 초점을 둔 칭찬 이상의 것이 필요하다. 잘하지 않았더라도, 실망스럽더라도, 화가 나더라도 부모는 일관되게 아이의 잠재력을 존중해 아이의 사기를 높여 줘야 한다. 손정의의 아버지는 아들이 진짜 천재여서 천재라고 말한 것이 아니다. 아이의 사기를 높여 주기 위해서였다. 내 부모님도 그렇다. 내가 기죽어 지내는 모습을 보고선 내 기를 살려 주기 위해서 "즐겁게 살아라"

라고 말했다.

미국의 명장 패튼은 '작전의 80퍼센트는 병사의 사기 진작에 할애하라'고 강조했다. 그래야 승리를 기약할 수 있기 때문이다. 이처럼 부모는 자녀 교육이라는 작전의 80퍼센트를 아이의 사기 진작에 할애해야 자녀 교육의 성공을 확보할 수 있다. 따라서 부모는 아이의 사기를 높여 주기 위해 응원 메시지를 자주 반복하자. 진심과 애정을 듬뿍듬뿍 담은 메시지는 간결하면서 오래 반복되어야 효과가 높다. 아이들은 놀랍게도 반복되는 응원 메시지를 잘 흡수하고 반응한다.

아이가 공부와 예체능은 물론 컴퓨터, 게임 등에 관심이 많고 재능이 조금이라도 있다면 주저하지 말고 이 말을 하자.

🎾 "넌 천재야"

아이가 관심 갖는 분야도 없고 특별한 재능도 없어서 풀죽은 채로 지낸다면 이런 말은 어떨까? 아이는 자신의 미래를 혼자 힘으로 개척해 나갈 힘을 얻게 될 것이다.

🎾 "즐겁게 살아라"

독립심을 죽이는 말 vs
독립심을 키워 주는 말

"아이가 고집이 세요. 높은 곳에 있는 물건을 꼭 자기가 꺼내겠다고 올라가요. 내가 꺼내 주겠다고 하면 울고불고 난리예요. 세수를 할 때도 자기가 한다고 하면서 수도꼭지를 틀어 놓고 잠그지 않고요. 요즘은 점점 가슴 철렁하는 일이 많아지네요. 내가 옆에 없으면 무슨 일을 할지 걱정이에요."

독립적이 되어 가는 아이의 고집 때문에 힘들어하고 있는 엄마였다.

"두세 살 무렵은 아이가 혼자의 힘으로 행동하는 시기입니다. 이때 엄마의 도움 없이 생활할 수 있는 독립심을 키워 나가게 되죠. 아이 입에서 "싫어", "아냐", "내가 할 거야"라는 말이 자주 나오는 것은 아이가 고집불통이기 때문이 아니라 아이가 독립적으로 성장하고 있기 때문입니다. 그렇기 때문에 절대 윽박지르거나 거세게 훈육하면 안 돼요."

아이의 독립심은 두세 살부터 형성되기 시작한다. 이때부터 아이에게 스스로 할 수 있는 기회를 주고 또 그 일을 통해 성취감을 갖도록 해야 한다. 그러면 맞벌이 부부라도 아이 때문에 걱정하는 일이 많이 줄어든다. 아이가 혼자서도 잘 지낼 수 있다는 믿음이 있기 때문이다. 그런데 과잉보호 속에서 독립심을 키우지 못한 아이는 늘 걱정스러울 수밖에 없다. '아이에게 무슨 일이 생기지 않을까?' 하는 걱정이 늘 떠나지 않는다.

"부모에게 해방된 모든 아이들은 신발을 신고 옷을 입고 벗을 때 부모의 도움을 받지 않고 스스로 할 줄 안다. 이런 아이들의 즐거움에는 인류의 존엄성이 반영되어 있는데, 인류의 존엄성은 개인의 독립적이고 자주적인 정신에서 탄생한다."

교육가 몬테소리의 말이다. 그는 아이의 독립심을 인류의 존엄성으로 치켜세우고 있다. 이처럼 중요한 아이의 독립심을 부모가 잘 지지하고 존중해 줘야 한다. 때때로 아이의 독립심은 고분고분하게 표출되지 않는다. 심한 고집불통이 되어 부모의 애를 먹이게 한다. 하지만 부모는 이를 억압하기보다는 긍정적으로 키워 가도록 인도해야 한다.

마이크로소프트의 창업자 빌 게이츠는 어릴 때 지독한 고집불통이었다고 한다. 식사 시간에 그를 불러도 아무런 대답이 없기 일쑤였고, 방을 정리하라고 시켜도 언제나 그대로여서 그의 어머니는 잔소리조차 포기했다고 한다.

한번은 어머니가 골똘히 생각에 빠진 그에게 물었다.

"대체 뭘 하고 있니?"

그러자 그가 말했다.

"생각하고 있어요. 엄마는 생각해 본 적 없어요?"

어머니는 고집불통인 아이의 정신에 문제가 있다고 판단해 아이를 정신과 의사에게 데리고 갔다. 의사는 그에게 프로이트에 관한 책을 권했고, 그는 열심히 읽었다. 하지만 그를 유순하게 만들지는 못했다. 결국 어머니는 빌과 맞서는 일이 별 소득이 없음을 인정하게 되었다. 만약 이때 빌 게이츠가 부모의 강압에 의해 일방적으로 순응적인 아이로 길러졌다면 어떻게 되었을까? 그는 아마 차고에서 소프트웨어 벤처를 창업하는 모험을 하지 않았을지 모른다. 하지만 그는 남이 뭐라든 자기 소신대로, 자기가 좋아하는 일을 고집하는 아이였다. 그 결과 그는 혼자 힘으로 벤처를 창업하고 대기업과 경쟁해 승리를 쟁취했다.

내 아이를 독립심 강한 아이로 키우려면 어떻게 하면 좋을까? 아이가 서툴더라도 혼자 힘으로 옷 입기, 잠자리 정리하기, 방 청소 등을 할 기회를 자주 주자.

대표적으로 아이의 독립심을 죽이는 말과 독립심을 키우는 말의 사례는 다음과 같다. 이를 잘 참고하여 아이의 독립심을 키워 주는 말을 자주 하자.

🏸 아이가 밖에 나가 놀고 싶다고 할 때

아이가 자꾸 밖으로 나가 친구와 놀고 싶다고 하는데, 얼마 전에 놀이터에서 놀다가 다친 일이 있다.

아이의 독립심을 죽이는 말

엄마: 안 돼. 전에 밖에서 놀다가 다쳤잖아. 집에서 얌전하게 놀아.

아이: 아앙, 모래 놀이 하고 싶단 말이에요.

엄마: 엄마가 안 된다고 하면 안 되는 줄 알아. 말 안 들으면 못써.

아이: 집에서는 재미가 없어요.

엄마: 너 진짜 엄마 말 안 들을래?

아이의 독립심을 키워 주는 말

엄마: 얼마 전에 밖에서 놀다가 다쳤는데 괜찮겠어?

아이: 조심해서 놀게요.

엄마: 엄마가 옆에 있어 줄까?

아이: 아녜요. 엄마가 없어도 돼요.

엄마: 그래, 그럼 놀이터에 데려다줄게.

🔍 아이에게 집안일을 돕게 할 때

아이의 독립심을 죽이는 말

엄마: 엄마가 청소할 때는 도와주어야 하는 거야.

아이: 네, 잘 알겠어요.

엄마: 이 걸레를 욕실에 있는 세숫대야에 가져다 놔.

아이: 네.

엄마: 그래, 말을 잘 듣는구나. 착하다.

아이의 독립심을 키워 주는 말

엄마: 엄마가 청소하는 것을 도와줄 수 있니?

아이: 네.

엄마: 어떤 일을 하고 싶니? 말해 봐.

아이: 저는 탁자를 닦을게요.

엄마: 그래, 그거 좋겠다.

아이가 혼자 판단하고 결정하는 과정을 거쳐야 독립심이 생긴다. 그러므로 아이에게 생각할 틈도 안 주고 명령하고 지시하는 것은 좋지 않다. 그 대신 아이에게 권유를 해 보자. 그러면 아이는 일에 대한 책임감을 갖고 혼자 척척 일을 해낸다.

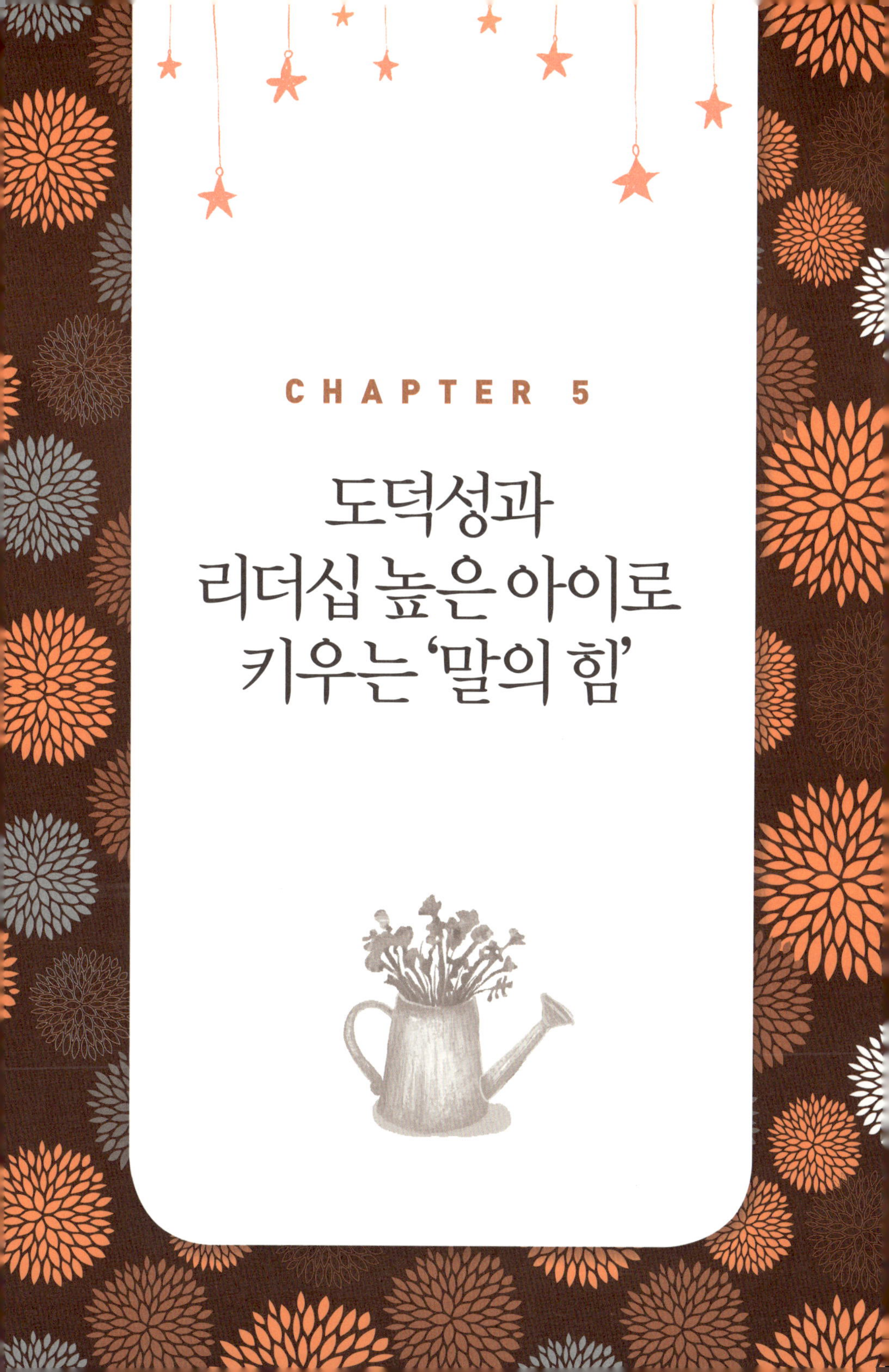

도덕성과 리더십 높은 아이로 키우는 '말의 힘'

아이의 도덕성은
밥상머리 교육으로

류성룡 가문은 조선시대 대표적인 명문가로, 자손 9대가 내리 벼슬길에 올랐다. 대체 어떻게 해서 대대로 훌륭한 자손을 길러 냈을까? 더욱이 그 교육이 얼마나 대단했기에 사대부들이 류성룡 가문에 자제를 보내 교육을 부탁할 정도였을까?

이 집안의 교육 방식은 의외로 간단하다. '밥상머리 교육'이 그것이다. 온 가족이 함께 식사하며 절제와 배려의 도를 익히도록 했다. 이에 대한 내용은 사대부 집안에서 전해 오는 식사 예법을 보면 알 수 있다. 사대부 집안에서는 식사 때 지켜야 하는 '식시오관(食時五觀)'이 있다.

1. 이 음식에 들어간 정성을 헤아린다.

2. 이 음식을 먹을 만한 자격이 있는지 성찰한다.

3. 입의 즐거움과 배부름을 탐하지 않는다.

4. 음식이 약이 되도록 골고루 먹는다.

5. 인성을 갖춘 후에야 음식을 먹는다.

류성룡 자손들은 웃어른과 함께 식사할 때 이러한 5가지를 지키면서 도덕성을 길렀다. 기본적으로 웃어른에 대한 예의와 더불어, 자기 성찰과 자기 절제를 매일같이 지켜 나갔다. 이렇게 해서 부모가 굳이 이러쿵저러쿵 명령과 지시를 하지 않고 또 붉으락푸르락 인상을 쓰거나 화를 내지 않아도, 자녀들은 스스로 매사에 처신을 삼갔고 자기 발전에 힘썼다.

실제로 밥상머리 교육의 효과는 대단하다. 미국의 신시내티 아동 병원 블레이크 보우덴 박사 연구팀은 십 대 507명을 대상으로 조사한 후, 그 결과를 다음과 같이 말했다.

"일주일에 적어도 5회 이상 가족과 식사를 하는 아동 청소년은 약물 중독, 우울, 사회 부적응을 보일 가능성이 낮습니다."

하버드 의대 정신의학과 교수 로버트 콜스는 《도덕지능 MQ》에서 지능지수 IQ와 감성지수 EQ보다 도덕지수 MQ가 더 중요하다고 주장했다. 그는 도덕지수를 제3의 지능으로 정의 내리면서, 옳고 바르고 착하게 살고자 애쓰면서 좋은 마음과 바른 행동을 지향하는 양심의 강·약 상태가 도덕지수라고 했다. 그는 다음과 같이 아이들의 도덕지수를 강조한다.

"역사적 사실을 잘 외우거나 수학 문제를 탁월하게 푸는 아이가 있듯 도덕적으로 뛰어난 품성을 지닌 학생도 존재한다. 도덕지수는 단순히 규칙을 달달 암기하는 식으로 길러지지 않는다. 일상생활에서 직접 보거나 들은 내용을 마음 깊이 새기는 배움의 과정을 통해 정신적으로 성숙해지면서 생긴다."

그런데 아이의 도덕성이 높으면, 착해 빠져 손해 본다고 걱정하는 부모들이 더러 있다. 이는 오해다. 좋은 인성을 갖춘 아이는 또래 아이들에게 인기가 있으며, 그 반대로 도덕성이 떨어진 아이는 왕따를 당하기 쉽다. 이와 함께 삶의 만족도가 높고 낙관적이며, 노력하는 자세로 지능도 높일 수 있다고 생각한다. 이처럼 도덕성은 아이에게 여러 모로 유익한 품성임을 알 수 있다.

미셸 보바는《도덕지능》에서 도덕성이 높은 아이일수록 후일 사회적으로도 성공하고 행복한 인생을 살게 된다고 했다. 또한 이 도덕성 지수는 이미 사고방식이 굳어진 후에는 바로잡기 어려우므로 가능한 한 어렸을 때부터 부모나 교사가 직접 키워 주어야 한다고 말했다. 그러면서 도덕성 함양을 위해 다음의 7가지 항목이 중요하다고 했다.

1. 공감 능력: 타인의 문제를 그들의 입장에서 생각하는 것

2. 분별력: 올바르게 행동하는 법을 알고 그대로 행동하는 것

3. 자제력: 자신이 옳다고 느끼는 대로 하기 위해 생각과 행동을 조절하는 것

4. 존중: 공손하고 신중한 방식으로 다른 사람을 소중히 대하는 것

5. 친절: 상대방의 감정과 그때그때의 기분을 염려해 주는 것

6. 관용: 다른 사람의 존엄과 권리도 존중하는 것

7. 공정함: 편견 없이 올바르고 정정당당하게 행동하는 것

아이의 도덕성을 높이려면, 이 7가지를 밥상머리에서 교육하면 된다. 아이의 도덕성에 지대한 영향을 미치는 것은 바로 부모다. 따라서 부모가 우선 솔선수범하여 도덕성 높은 생활을 하자. 아이는 부모의 말과 행동을 보고 그대로 따라 한다.

부모가 아이의 도덕성 교육을 시키고 싶다면 이렇게 말하자.

🔍 "네 생각은 어떠니?"

첫 번째, 공감 능력을 키워 주기 위해서는 "네 생각은 어떠니?"라고 말한다. 이렇게 부모가 일방적인 주장만을 하지 않고, 아이의 입장을 존중하면, 아이도 '엄마의 생각은 어떨까?', '친구의 생각은 어떨까?', '선생님의 기분은 어떨까?' 하는 식으로 공감 능력을 키운다.

🔍 "그건 잘못된 행동이야"

두 번째, 분별력을 키우기 위해서는 "그건 잘못된 행동이야"라고 엄격하게 말한다. 아이가 실수나 잘못을 할 경우, 그냥 지나치지 말고 지적을 하자. 단, 식사 자리에서는 꾸중을 피하자.

🔍 "참을 줄 알아야 해"

세 번째, 자제력을 키우기 위해서는 "참을 줄 알아야 해"라고 말한다. 아이는 나이가 들어가면서 자제력과 참을성도 커진다. 나이에 맞게 더 많이 참을 수 있도록 과제를 부여하자.

🔍 "다른 사람을 존중해"

네 번째, 존중심을 키워 주기 위해서는 "다른 사람을 존중해"라고 말한다. 4~5세 무렵 아이는 자기주장과 자기 욕구에서 벗어나 타인과의 공존을 배워야 한다. 이때 아이는 나 자신이 소중하듯이 타인도 소중하다는 것을 알아야 한다. 그래야 다른 사람들과의 약속과 공중도덕을 잘 지키며 남에게 피해를 주는 일을 삼간다.

🎾 "용서해 줄게"

다섯 번째, 관용을 길러 주기 위해서는 "용서해 줄게"라고 말한다. 어렸을 때는 매사에 서툴고 종잡을 수 없다. 규칙과 약속을 정해도 잘 지켜지지 않는 일이 많다. 점차 인지능력과 사회성이 높아지면서, 규칙과 약속을 잘 지켜 나간다. 따라서 부모는 지나치게 아이의 실수와 잘못을 다그치지 말자. 또한 아이의 잘못과 실수를 성장을 위한 체험으로 여기라. 그러면 아이 또한 남의 잘못에 대해 관용적인 태도를 가지게 된다.

🎾 "도와주자"

여섯 번째, 친절한 아이로 키우기 위해서는 "도와주자"라고 말한다. 부모가 다른 사람을 배려하고 친절하게 대하는 행동을 보면 아이도 친절한 마음과 행동을 자연스럽게 익히게 된다.

🎾 "올바르게 행동하자"

일곱 번째, 공정함을 위해서는 "올바르게 행동하자"라고 말한다. 이 말이 효력을 발휘하기 위해선 우선 부모가 정정당당하게 행동하는 모범을 보이는 것이 필수다. 이 말을 듣고 자란 아이는 꾀를 부리지 않고 정정당당하게 행동하며 커 나간다.

아이가 잘못했을 때
더 중요한 부모의 말

〈이야기 1〉

존이라는 아이가 있다. 어머니가 저녁을 먹으라고 부르자, 존은 식당으로 간다. 그런데 방문 뒤에 의자가 있었고, 그 위에 컵이 열다섯 개 놓여 있었다. 존은 문 뒤에 그것이 있는 줄 모르고 문을 열고 나가다가 문이 의자에 부딪히면서, 그 위에 있던 컵들이 떨어져 모두 깨져 버렸다.

〈이야기 2〉

헨리라는 아이가 있었다. 어머니가 외출하고 없는 사이에 헨리는 찬장에 있는 잼을 몰래 꺼내려고 했다. 헨리는 의자를 놓고 올

라가 손을 뻗어 보았지만, 잼이 너무 높은 칸에 있어서 꺼낼 수
가 없었다. 헨리는 잼을 꺼내려고 애를 쓰다가 컵 한 개를 넘어뜨
렸다. 컵은 바닥에 떨어져서 깨지고 말았다.

심리학자 피아제는 흥미로운 실험을 했다. 위의 2가지 이야기를
놓고, 아이들에게 누가 더 나쁘냐고 물었다. 그러자 5~10세의 아이
들은 대부분 존이 나쁘다고 대답했다. 아이들은 그 이유를 존이 헨
리보다 컵을 더 많이 깨뜨렸기 때문이라고 했다. 이처럼 행위자의
의도와 무관하게 깨뜨린 컵의 개수만을 중요하게 여기고 도덕적 판
단을 하는 아이는 타율적 도덕성의 단계에 머물러 있다. 이 시기의
아이는 아직 도덕성이 미숙하다.

이와 달리 10세 이상의 아이들은 대부분 컵 한 개를 깬 헨리가 더
나쁘다고 대답했다. 왜냐하면 헨리는 엄마 몰래 잼을 먹으려고 하다
가 컵을 깨뜨렸다고 보기 때문이다. 이러한 아이들은 어떤 행위의
옳고 그름을 판단할 때 결과뿐만 아니라 행위자의 의도를 고려했다.
이 아이들은 자율적 도덕성의 단계에 있다.

이 시기의 아이는 어른의 통제에서 어느 정도 자유로워진다. 규칙
과 법은 사람들에 의해 화목한 관계를 위해 만들어진 것이며 상황에
따라 합의를 통해 수정할 수 있다는 것을 인지한다. 이때에 아이들
은 남의 도움을 받으면 남을 도와줘야 한다는 생각을 하고 또한 남
에게 대접을 받고자 하는 대로 남을 대접해야 한다는 것을 안다. 이

시기의 아이는 도덕적 판단과 행동할 수 있다.

참고로, 5세 이전의 아이들은 옳고 그름의 차이를 알지 못한다. 그래서 이 실험에서 배제되었다. 5세 이전의 아이들은 어느 행동이 더 좋은지, 어느 행동이 더 나쁜지를 구분하지 못한다. 그렇기 때문에 이 시기의 아이에게는 앞으로 도덕성 교육을 하기 좋은 토대를 만들어 주는 것이 좋다. 0~1세의 아이는 아직 엄마와의 애착이 형성되지 않았으므로 아이에게 많은 사랑을 표현해 주는 것이 좋고, 2~4세의 아이는 부모를 모방하기 때문에 모범이 되는 행동을 하는 것이 중요하다.

아이는 5세가 되어야 자아가 형성되고 옳고 그름을 판단할 수 있다. 이때부터 아이의 양심과 도덕성이 발달한다.

부모는 아이의 도덕성을 키우기 위해 일상생활과 놀이 측면에서 많은 관심이 필요하다. 다음의 4가지를 참고하자.

1. 아이가 식사 시간을 잘 지키도록 하자

식사 시간에 밥을 먹지 않고 딴짓을 하다가 식사가 끝난 후 엄마가 아이를 따라다니며 밥을 먹이지 않도록 규칙을 정해 나간다. 이를 위해 식사 시간 전에 간식을 주지 않도록 하여 아이가 식사 시간에 맛있게 먹을 수 있도록 한다. 이 과정에서 아이는 산만한 자신의 행동을 절제하는 힘을 기를 수 있다.

2. 아이에게 집안일을 도울 수 있게 하자

아이가 혼자 일을 해내기보다는 엄마 옆에서 엄마의 일을 일부 도와주는 것이면 좋다. 이때 아이가 엄마를 도와주면서 기분 좋은 감정을 느낄 수 있게 하자.

3. 사용한 물건을 제자리에 놓게 하자

아이가 동화책을 읽거나, 장난감 놀이나 그림 그리기를 하면 항상 방바닥에 온갖 물건이 나뒹군다. 5세 무렵의 아이라면 물건을 원래의 자리에 갖다 놓도록 시키자. 또한 사용한 물건을 원래대로 갖다 놓는 것이 생활의 규칙임을 자각하게 하자.

4. 애완동물을 키우게 하자

마냥 부모의 보호를 받던 아이가 동물을 키우면 동물의 감정을 헤아리는 과정에서 타인의 마음을 이해할 수 있게 된다. 자신이 정성껏 동물을 보살피듯, 부모가 자신을 사랑한다는 것을 알게 된다. 또한 동물에 대한 책임감이 생기면서, 평소와 달리 자신의 행동을 잘 통제한다.

피아제에 따르면 부모가 권위를 내세워 강압적으로 지시, 명령을 하면 오히려 아이의 도덕성 발달을 저해한다고 한다. 아이의 도덕성을 길러 준답시고, 매사에 '이건 이렇게 해', '저건 저렇게 해', '내가 시키는 대로 해' 하는 식이면 곤란하다. 이는 역효과를 불러일으 킨다. 아이는 규칙이 강압과 권위에 의해 지켜야 하는 것으로 오해 하게 되며, 또 혼자 자신의 행동에 대해 생각하고 판단할 여지를 빼 앗기기 때문이다. 이렇게 되면 아이는 5~10세 수준의 타율적인 도 덕성 단계에만 머물러, 10세가 넘어도 자율적 도덕성의 단계로 나아 가지 못한다. 즉 성인에 맞는 도덕성을 갖출 수 없게 된다는 말이다.

따라서 부모는 아이에게 규칙을 왜 지켜야 하는지 잘 설명해 주 고, 남을 배려하고 스스로 잘 판단하고 자기 행동을 절제할 수 있도 록 하자. 도덕성 교육 시 가장 신중하게 대처해야 하는 경우는 아이 가 옳은 행동을 할 때보다 아이가 잘못된 행동을 할 때다. 부모는 권 위와 강압을 버리고 대화의 상대가 되어야 한다. 그래야 아이가 자 신을 돌아보면서 자율적 도덕성을 키워 나간다. 아이의 도덕성을 길 러 주기 위해 어떻게 대화하면 좋을까? 3가지 사례를 살펴보자.

🎤 아이가 거짓말을 했을 때

아이의 거짓말은 연령에 따라 그 의미가 다르다. 3~4세 아이의 거 짓말은 현실과 공상을 구분하지 못하는 데에서 생긴다. 이를 문제 삼고 다그쳐서는 곤란하다. 5세 무렵 아이의 거짓말이 진짜 거짓말 이다. 이때 아이는 현실과 공상, 옳고 그름을 따질 수 있다. 이때 아 이가 거짓말을 할 경우, 감정을 앞세우지 말고 아이의 의도를 잘 파 악한 후 잘못을 지적하자. 아이가 컵을 깨뜨렸는데 "인형이 그랬어"

라고 하면, 화내지 말고 대화하듯 말하자.

"인형이 컵을 깨뜨렸다고? 민호가 혼날까 봐 무서웠구나. 엄마는
네가 실수로 그랬다는 거 잘 알아. 다음부터는 조심해. 그리고 자기
가 잘못한 행동은 솔직하게 말해야 해. 잘 알았지?"

🔍 남의 물건을 훔쳤을 때

4세 미만의 아이는 소유 개념이 불확실하지만, 5세 무렵 아이는
자기 것과 남의 것을 구별할 줄 안다. 하지만 아이 나이가 어리더라
도 '도둑질은 나쁜 것'이라는 점을 강조해야 한다. 아이가 친구의 장
난감을 훔쳤는데 "친구가 줬어"라고 하면, 이렇게 대화하자.

"친구가 주지 않았다는 걸 엄마는 잘 알아. 남의 물건은 함부로 가
져오면 안 돼. 이건 나쁜 행동이야. 그러니까 어서 장난감을 돌려주
자."

🔍 친구를 때렸을 때

아이가 폭력적인 데에는 여러 가지 원인이 있다. 스트레스로 인해,
부모의 관심을 끌기 위해, 언어 표현 부족으로 인해, 부모의 행동을
모방해서 등 다양하다. 원래 폭력적으로 타고난 아이는 없다. 무작
정 아이의 폭력적인 행동에만 초점을 맞추어 아이를 거칠게 훈육하
면 안 된다. 폭력적인 행동의 잘못을 지적한 후, 그 원인을 찾는 대화
가 필요하다.

아이가 친구를 자꾸 때린다면, 이렇게 대화하자.

"민호야, 친구를 괴롭히면 안 돼. 친구가 네 머리를 때리면 기분이 좋겠어? 민호가 요즘 학습지 때문에 스트레스를 많이 받았나 보네. 아니면 전쟁 게임을 많이 해서 그런가? 무엇 때문에 그랬는지 한번 생각해 보자."

인성 교육의 출발점인
존댓말 교육

존댓말 교육은 가정에서 이루어지는 인성 교육의 출발점이 되어야 한다. 존댓말은 아이의 말문이 트이는 2~3세 때부터 가르치는 것이 좋다. 이 시기에 아이에게는 물론 부부 상호 간에도 존댓말을 쓰면 아이는 존댓말을 자연스러운 것으로 받아들인다.

존댓말을 쓰는 습관은 공손한 말버릇을 길러 줄 뿐 아니라 표현 능력과 언어능력 발달에도 도움이 된다. 존댓말을 사용하면 좋은 점이 많지만 그 가운데서 대표적인 것은 상대를 존중하는 자세를 갖출 수 있다는 점이다. 설령 상대와 다툼과 갈등이 생기더라도 존댓말을 사용함으로써 상대에게 상처를 주지 않고 원만하게 문제의 해결점을 잘 찾아낼 수 있다. 이러한 타인에 대한 존중심은 여러 사람들과 잘 어울려 살아가는 데 매우 중요한 마음 자세다.

존댓말 교육은 가정에서 실천하기 쉬우면서도 우리 아이의 인성을 올바르게 키울 수 있는 최상의 교육법이다. 존댓말이 가진 좋은 점은 5가지다.

1. 감정을 담당하는 우뇌를 발달시킨다.
2. 예절을 잘 지키게 한다.
3. 다른 사람과 원만히 잘 어울릴 수 있게 한다.
4. 말하기에 앞서 생각하는 시간을 갖게 되면서 사고력이 높아진다.
5. 말에 신경을 많이 쓰기 때문에 어휘력, 언어 구사력이 높아진다.

따라서 가급적 일찍 아이에게 존댓말 습관을 길러 줘야 한다. 아이에게 존댓말을 가르칠 때 유념해야 할 것이 있다.《존댓말의 힘》의 저자 임영주는 5가지 원칙을 지키라고 한다.

첫 번째 원칙, 가르치는 것이 아니라 들려준다

존댓말 교육을 마치 외국어 교육시키듯 딱딱하게 하면 아이가 거부 반응을 일으킬 수 있다. 그냥 일상생활에서 모국어를 배우듯, 자연스럽게 존댓말을 습득하게 하자.

두 번째 원칙, 틀린 문장은 고쳐 말해 준다

아이의 존댓말이 서툴면, 그 즉시 바른 말을 알려주자. 이때 부모는 아이가 잘못 사용한 말을 반복하지 말자. 아이가 "알았어" 하면 "'알았어'가 뭐야"라고 하지 말고 대신에 "'알았어요'라고 해야 돼요"라고 말하자.

세 번째 원칙, 정확한 용법을 설명해 준다

아이가 일단 존댓말을 사용하기 시작하면, 종종 문법적 오류를 저지른다. 예를 들어, "할머니, 아빠께서 퇴근하셨어요"와 같은 경우다. 아빠보다 더 웃어른인 할머니에게 말할 때는 "할머니, 아빠가 퇴근했어요"가 맞다는 것을 설명해 주자.

네 번째 원칙, 혼낼 때는 존댓말을 사용하지 않는다

더러 잘못 행동한 아이에게도 존댓말을 하는 경우가 있다. 이는 과하다. 혼낼 때는 아이가 잘못한 점을 잘 인지하고 반성할 수 있도록 반말을 하자. 그래야 아이가 존댓말의 소중함을 알게 되고, 또한 존댓말을 듣기 위해서라도 바른 행동을 한다.

다섯 번째 원칙, 부부 사이에도 존댓말을 쓴다

아이에게만 존댓말을 쓰라고 하면 아이는 혼동을 일으킨다. 절대적으로 부모의 솔선수범이 필요하다.

이런 원칙을 토대로 아이가 차근차근 존댓말을 배워 나갈 수 있다. 그래도 아이는 시행착오를 자주 범한다. 존댓말은 아이에게 제2외국어를 배우는 것만큼 부담으로 다가오기 때문이다. 아이는 한 번에 척척 존댓말을 능숙하게 하지 못한다. 따라서 아이가 존댓말을 잘 배울 수 있는 방법 3가지를 알아 두자.

🎾 자발성 끌어내기

아이가 "할아버지, 밥 먹어"라고 하면, 그것을 나무라지 말고 "할아버지, 식사하세요"라고 말씀드려 보자고 말한다. 존댓말 교육은 강요보다는 자발성이 중요하다.

🎾 반응하기

아이들이 처음 존댓말을 배울 때 "엄마, 이거 유치원 선생님이 줬다요"처럼 말 끝에 무조건 '요'자를 붙이는 실수를 하는 경우가 많다. 이럴 경우 올바른 존댓말로, "유치원 선생님이 주셨어요?"라고 반응해 주자.

🎾 존댓말의 가치 경험시키기

아이에게 존댓말이 가진 힘을 체험시키자. 존댓말이 말로만 끝나는 것이 아니라 존댓말을 통해 상대에 대한 존중심을 가질 수 있다는 점을 아이가 경험하게 하자. 이를 통해 아이는 존댓말을 중요하게 여기고 존댓말을 사용하려고 애쓴다.

화 잘 내는
아이와의 대화법

"7세 남자아이인데 친구들과 놀다가 화나면 친구를 마구 때려요. 손에 잡히는 장난감이나 물건을 마구 던지고요. 아이에게 호통치면서 그러지 말라고 하지만 그때뿐이에요. 아이가 다른 애들에 비해 화를 잘 내는 것 같아요. 조금만 화나는 일이 있어도 참지 못하고 바로 공격적으로 변해요."

잘 참지 못해서 시도 때도 없이 분노를 드러내는 아이 때문에 스트레스를 받는 부모가 상당히 많다. 처음에는 잘 타일러 보기도 하지만 그게 별 효과가 없다 보니 이내 부모도 화를 내게 된다. 아이가 화를 내면 부모도 욱하는 마음에 아이에게 손찌검을 하기도 한다. 이렇게 되면 점차 아이의 분노 표출은 더 잦아지고 더 날카로워질

뿐이다. 아이가 2세 정도면 일시적인 현상일 수 있다. 앞으로 인지능력과 부모와의 관계가 더 깊어짐에 따라 자신의 감정을 조절하는 법을 익혀 나간다. 하지만 아이가 5세 정도 되었다면 문제가 아닐 수 없다. 따라서 아이의 상태를 잘 점검하자.

화를 낼 때 물건을 닥치는 대로 집어 던진다.
화를 내면서 폭력을 행사하거나 미친 듯이 운다.
일이 잘 안 풀리면 쉽게 포기하고 좌절한다.
놀이를 하다가 자기 뜻대로 안되면 화를 낸다.
시간을 두고 참는 일을 잘 못한다.
자신의 잘못을 타인에게 돌리며 화를 낸다.
친구가 잘못하면 그냥 넘기지 못하고 다툼을 벌인다.

만약 아이에게 이런 특성인 있다면 분노조절장애로 발전할 가능성이 있다. 분노조절장애는 감정, 공격성을 관장하는 감정중추(변연계·기저핵)와 논리, 판단을 관장하는 고위중추(전두엽 등 대뇌피질)의 균형이 깨졌기 때문에 발생한다. 이는 단순히 개인의 문제로만 한정지을 수 없다. 왜냐하면 이로 인해 심각한 사회적 문제들이 일어나기 때문이다.

부모는 아이가 분노를 잘 조절할 수 있는 인성을 갖추도록 도와야 한다. 아이가 화를 잘 내고 감정 조절을 잘 못한다면 그 원인을 분석하는 것과 함께 적절한 처방을 받아야 한다. 아이가 감정 조절을 잘 못하는 원인은 단순히 아이의 기질적 문제 때문일 수도 있지만, 부모 때문일 수도 있다. 화를 잘 내는 아이는 알고 보면 시도 때도 없이 화를 내거나 폭력적인 훈육을 하는 부모의 영향을 받기 때문이다. 원인에 따른 적절한 치료 방법이 필요하다. 어릴 때 적절히 치료되지 못한 묵은 화는 한 아이의 미래를 어둡게 하기 때문이다.《화내는 당신에게》(〈SBS 스페셜〉 제작팀 저)에서는 이렇게 말한다.

"묵은 화는 한 개인의 삶을 망가뜨릴 뿐만 아니라, 인간관계, 사회생활에 문제를 일으키고 심지어 이를 지속적으로 방치할 경우 사이코패스와 같은 반사회적 인격 장애로 발전할 수도 있다."

부모는 화에 대한 올바른 인식을 갖는 것이 필요하다. '화' 그 자체를 나쁜 것으로 보고, 아이가 화를 내면 무조건 나쁘다고 보는 태도는 잘못이다. 아이나 어른이나 할 것 없이 정도의 차이가 있을 뿐 화가 날 수 있다. 문제는 화를 다루는 방식에 있다. 잘 조절하면 화는 결코 문제가 되지 않는다. 아이가 남보다 좋지 않은 평가를 받아 화가 났을 때, 이 화를 자기 발전의 동력으로 삼을 수 있다. 이와 달리 화를 조절하지 못해 자기가 하는 일을 망치거나 타인에게 해를 끼치는 경우가 있는데 이것이 문제다.

아이가 화를 잘 조절할 수 있도록 하는 양육 방식 4가지를 소개한다.

첫 번째, 아이들이 즉흥적인 게임이나 스마트폰 등에 중독되는 것을 피하고 동화 책 읽기, 학습 놀이에 습관을 들이게 하자. 긴 시간 동안 한 가지에 몰두하다 보면 참을성이 생긴다.

두 번째, 아이가 원하는 것을 다 해 주지 말자. 원하는 것을 다 얻는 데 익숙한 아이는 자신의 감정을 잘 조절하지 못한다. 일단 자기가 원하는 것을 얻지 못해 화를 내면 감당하지 못한다.

세 번째, 아이를 지나치게 억압하지 말자. 거친 욕과 매는 아이에게 트라우마가 되어, 아이가 시도 때도 없이 화를 표출하게 된다. 아이의 심리 상태가 안정되도록 신경 써야 한다.

네 번째, 아이와 대화 시간을 자주 갖자. 인격이 완성되지 않았다고 아이를 대화의 상대로 여기지 않으면 곤란하다. 한 인격체로 존중하고 아이와 일대일 대화를 해야 비로소 아이는 자신의 의사와 감정을 잘 표출할 수 있다. 대화가 단절된 가정의 아이는 화 표출을 대화의 한 방식으로 오해할 수도 있다.

아이가 화났을 때 어떻게 대화를 하면 좋을까?

🔍 "왜 화났니?"

보통은 아이가 화를 내면 부모도 덩달아 감정이 욱해서 다그치기 일쑤다. 아이의 말에 귀 기울이기보다는 무조건 아이를 나무라고 빨리 화를 그치라고 하기 마련이다. 아이의 화 표출은 때때로 관심을 가져 달라는 신호이기도 하다. 그러니까 부모는 화내는 아이에게 숨을 고르면서 침착하게 다가서자. 그러곤 아이에게 화를 낸 이유를 듣자. 부모가 원하는 것만 묻고 아이에게 단답형 대답을 요구하지 말아야 한다. 아이가 하고 싶은 이야기를 마음껏 할 수 있도록 기회를 주자. 그러면 아이는 화의 원인을 다 드러낸다. 이 과정에서 아이의 화가 풀리기도 한다.

🎤 "참을 줄도 알아야 해"

대부분의 아이가 화를 내는 이유는 참을성이 부족해서다. 나이가 들면서 참을성을 배워야 하는데 그렇지 못하면 아이는 공격적으로 화를 표출한다. 따라서 다른 아이에 비해 참을성이 많이 부족하다면 아이에게 '참아야 한다'는 것을 강조하자. 참는 것이 문제를 해결하는 방법 중 하나가 될 수 있음을 배우게 한다.

🎤 "…은 잘못된 행동이야"

부모가 격한 감정 상태에서 큰 목소리를 내서는 안 된다. 차분한 어조로 무엇이 잘못된 행동이며, 왜 잘못되었는지를 잘 알려 주자. 그러면 아이는 자신이 화를 낼 때 무엇이 잘못되었는지 깨닫기 때문에 점차 자신의 화를 조절해 나간다.

"약속과 규칙은
꼭 지켜야 해"

한 엄마가 세 살짜리 여자아이를 데리고 대형 마트에 갔다. 엄마는 저녁거리와 생활 용품을 사고 나서 계산대 쪽으로 걸어온다. 이때 여자아이가 장난감이 진열된 곳에서 발걸음을 멈췄다. 아이는 새로 나온 장난감을 보면서 사 달라고 울면서 떼를 쓴다. 사실 마트에 오기 전에 아이는 엄마에게 장난감을 사 달라고 조르지 않기로 약속했다. 이에 대한 엄마의 반응은 2가지다.

〈A 엄마〉

'맞벌이 때문에 아이와 보내는 시간도 부족하니까 가능하면 아이가 원하는 건 다 들어주고 싶어. 내 아이만큼은 무엇 하나 부족하지

않게 풍족하게 해 줘야지.'

이렇게 생각하면서, 울고불고 떼를 쓰는 아이에게 덥석 장난감을 안겨 준다. 가급적 아이가 울지 않게 하는 것이 아이를 사랑하는 길이라며, 아이와의 약속을 깬 것을 합리화한다.

〈B 엄마〉

'아이에게는 장난감보다 더 중요한 게 있어. 엄마와의 약속이야. 아이가 운다고 장난감을 사 주면 아이는 약속을 쓸모없는 것으로 생각하게 될 거야.'

이렇게 생각하면서 울고불고 떼를 쓰는 아이에게 다가가 말을 건넨다. 단번에 "안 돼"라고 말하지 않고, 아이와 차근차근 대화를 주고받으면서 아이가 한 '약속'을 기억나게 한다. 그러고 나서 단호하게 약속은 반드시 지켜야 함을 알려 준다.

당신은 어느 쪽인가? 아이와의 약속을 무심코 어기는 일이 많지는 않는가? 그러면서 아이니까 괜찮다고 생각하지 않는가? 그렇다면 잘못이다. 부모는 아이에게 약속을 잘 지키는 습관을 길러 줘야 한다. 이를 위해서는 부모가 아이에게 약속을 엄격히 지키도록 하자. 부모가 우유부단하게 약속을 지켜도 되고 안 지켜도 된다고 생각하면 이는 아이에게 매우 좋지 않은 영향을 미친다. 아이가 '약속은 반드시 지키지 않아도 되는구나'라는 사고를 갖게 되기 때문이다.

약속은 아이의 도덕성을 형성하는 토대가 된다. 아이가 세 살 정도 되면, 부모와 이런 저런 사소한 일에 대해 약속을 하기 시작한다. 밥을 먹을 때는 이렇게 하자, 거실에서 놀이를 할 때는 이렇게 하자, 화장실에서는 이렇게 하자, 학습지 문제는 매일 이렇게 하자, 마트에 갔을 때는 이렇게 하자…. 이렇듯 일상 속에서 약속을 하고, 이를 지키면서 아이는 점차 도덕성을 키워 나간다.

그런데 이 약속을 잘 지키지 않게 되면 어떻게 될까? 보나마나다. 아이는 부모, 친구, 웃어른들과 원만한 관계를 맺지 못한다. 또한 타인과의 관계에서 늘 마찰과 갈등을 빚게 된다. 그러다 결국 또래 아이들로부터 왕따를 당하게 된다.

따라서 부모는 약속의 중요성을 잘 인식해, 아이가 약속을 반드시 지키도록 하자. 그런데도 부모가 제대로 아이에게 약속 교육을 하지 못하는 이유는 2가지다. 우선, 앞의 A 엄마처럼 부모가 아이로 하여금 약속을 엄격히 지키게 하려는 의지가 없기 때문이다. 다음은 부모가 자주 약속을 어기는 행동을 하기 때문이다. "떼쓰지 않으면 아이스크림 사 줄게", "주말에 놀이공원에 데려갈게" "엄마 말 잘 들으면 장난감 사 줄게" 등 약속을 많이 하지만, 무심코 잊어버리는 경우가 적지 않다.

그러므로 부모에게는 아이로 하여금 약속을 엄격히 지키게 하려는 의지와 자신이 한 약속을 잘 준수하는 태도가 있어야 한다. 그래야 일상 속의 약속 지키기가 아이의 도덕성의 밑거름이 된다. 아무

리 사소한 약속이라도 안 지키는 사례를 아이에게 보여 주면 절대
안 된다.《부모가 아이에게 물려주어야 할 최고의 유산》의 저자 문용
린은 아이의 미래를 위해 약속을 강조한다.

> 그 어떤 이유에서든 아이 앞에서는 변칙이나 반칙을 보여선 안
> 된다. 아이에게 허용해서도 안 된다. 지하철의 낙서를 지우는 것
> 이 범죄율을 크게 줄인 것처럼, 이렇게 사소한 규칙들이 어떻게
> 지켜지느냐에 따라 아이의 습관과 가치관이 결정된다. 살면서 수
> 많은 약속을 한다. 아이 앞에서 사소한 약속도 반드시 지키는 모
> 습을 보여 주어야 한다. 사소한 한 가지가 변화하고, 작은 규칙이
> 지켜지다 보면 결국 그것이 파문을 일으켜 아이의 삶 전체를 변
> 화시킬 것이다.

참고로 약속을 잘 지키는 아이로 만들기 위한 부모 지침 5가지를
소개한다. 이를 잘 참고하고, 신뢰의 눈으로 아이가 약속 잘 지키는
습관을 길들이는 것을 지켜보자.

1. 부모가 먼저 약속을 지키자.
2. 아이가 약속을 잘 지킬 때 칭찬하자.
3. 지나치게 많은 약속, 어려운 약속을 삼가자.
4. 아이가 약속을 지키도록 일관성 있는 태도를 갖자.

5. 약속의 중요성을 꾸준히 반복 강조하자.

규칙 또한 아이의 도덕성을 위해 매우 중요하다. 규칙은 여러 사람들이 공동체 생활을 하기 위해 정한 법칙이다. 아이가 규칙을 이해하고, 규칙을 따르기 시작하면서 비로소 공동체의 일원이 된다. 아이가 사소한 규칙을 지켜 가는 경험이 밑바탕이 되어야 비로소 예절, 공중도덕을 잘 지킬 수 있다.

부모는 아이가 간단하게 지킬 수 있는 것부터 규칙을 정하는 것이 좋다. 아이가 하기 쉽고 흥미 있어 하는 것부터 시작하자.

게임은 하루에 한 시간

TV는 하루에 한 시간

매일 학습지 2장 하기(주말은 빼고)

장난감 정리 정돈하기

예를 들어 이런 규칙을 정한다고 하자. 그러면 일방적으로 규칙을 정하기에 앞서 아이의 눈높이에 맞게 왜 규칙이 있는지, 왜 규칙을 지켜야 하는지를 잘 설명해 주자. 가능하면 규칙을 정할 때 아이를 참여시켜서, 아이의 뜻이 반영된 규칙을 정한다는 느낌을 주도록 하자. 이렇게 하면 아이가 규칙은 강압적인 것이라는 생각을 갖지 않게 된다. 아이는 자신이 정한 규칙을 자기 스스로 지키는 것에 대한 성취감을 얻을 수 있다.

단, 주의해야 할 점은 아이의 수준에 맞게 규칙을 조금씩 늘려 가야 한다는 것이다. 과도하게 많은 규칙을 만들어 놓으면 아이가 감당할 수 없다. 옥스퍼드대학교와 캠브리지대학교의 교육 시스템에 큰 영향을 준 사상가 존 로크는《미래를 위한 자녀 교육》에서 다음과 같이 말했다.

> 부모가 자식에게 너무 많은 규칙을 부여한다면 아이는 아무리 주의해도 그 규칙을 어기게 되며, 규칙을 어겨 비난받게 되면 아이는 어떤 말에도 신경 쓰지 않게 되어 버립니다. 그러므로 아이에게 주어지는 규칙은 가능한 적을수록 좋습니다. 필수불가결한 몇 개의 규칙만을 만들고, 일단 규칙이 만들어졌으면 그것이 잘 지켜지는지 살펴보십시오. 필수불가결한 몇 개의 규칙을 지키는 습관이 생기는 데는 많은 시간이 걸리지 않습니다. 하나의 규칙이 잘 지켜지면 다음 규칙을 부과할 수 있습니다.

'약속과 규칙 지키기'는 아이의 도덕성을 길러 주는 데 매우 효과적인 습관이다. 이 습관이 매일 반복 실천되는 동안 아이의 도덕성이 몰라보게 향상된다.

존 로크는 아이가 성인이 되어 사회생활을 하면서 지식과 자신감은 얻을 수 있지만 미덕은 오히려 쉽게 없어져 버리기 때문에 아이가 성인이 되기 전에 미덕을 쌓아 두어야 한다고 말했다. 우리 아이의 미덕 곧 도덕성을 위해 필요한 말은 바로 이것이다.

🔍 "약속과 규칙은 꼭 지켜야 해"

뇌를 변화시키는
감사효과

'감사효과(Gratitude Effect)'라는 말이 있다. 감사는 한 개인의 삶을 변화시키는 강력한 힘을 가지고 있다. 오프라 윈프리는 감사효과를 통해 불행한 삶을 극복하고 세계적인 토크쇼의 여왕이 되었다. 그녀는 감사할 만한 것을 도저히 떠올릴 수 없을 때는 지금 숨 쉬고 있다는 것을 기억하라고 한다. 그러면서 매번 숨을 들이마실 때마다 '나는 아직 이곳에 있어'라고 말할 수 있음을 감사하라고 한다.

감사함을 느낄 때 우리 뇌의 왼쪽 전전두피질이 활성화되는데 이 부위는 사랑, 공감, 낙관, 열정 같은 긍정적인 감정을 경험할 때 활성화되는 부위와 일치한다. 감사한 마음은 우리 뇌를 변화시켜 스트레스를 완화시키고 행복하게 해 준다는 것이다.

미국의 여러 심리학자들은 오랜 연구 끝에 감사의 과학적 효과를 확인했다. 미국 마이애미대학교 심리학 교수 마이클 맥클로우는 "잠깐 멈춰 서서 우리에게 주어진 감사함을 생각해 보는 순간 당신의 감정 시스템은 이미 두려움에서 벗어나 아주 좋은 상태로 이동하고 있는 것"이라고 말한다.

이처럼 많은 이점을 가진 감사는 아이를 키우는 부모에게 꼭 필요하다. 부모가 먼저 감사하는 생활을 해야 아이가 이를 따라 하기 때문이다. 감사가 습관이 된 부모 밑에서는 저절로 매사에 감사할 줄 아는 아이로 자라기 마련이다. 감사할 줄 모르는 부모 밑에서 저절로 감사의 습관을 갖게 되는 아이는 없다.

아이에게 감사는 마치 꽃과 같아서 물을 주고 잘 보살펴야 피어난다. 이렇게 각별히 신경을 써서 아이에게 감사의 습관을 만들어 주면, 아이는 항상 웃음을 잃지 않고 타인과 좋은 관계를 맺는 성인으로 성장해 나간다. 아이에게 감사하는 태도는 올바른 인격 형성을 위해 없어서는 안 될 요소다.

부모는 어떤 말로 아이에게 감사 습관을 길러 줄 수 있을까? 갓난아이 때부터, "태어나 줘서 고마워", "건강해서 고마워", "밥 잘 먹어서 고마워"라고 말하자. 이때 아이의 청각으로 감사의 마음이 잘 전달된다. 두 살 때는 "고맙습니다", "고마워"라는 말을 반복하면서 아이에게 그 말을 시켜 보자. 세 살 이상의 아이에게는 다양한 상황에서 감사를 표현할 수 있게 하자. 부모가 먼저 "고맙습니다", "감사합니다"라고 말하면서 아이에게 감사를 표현하도록 유도하자. 5가지 상황을 예로 들어 보자.

🎙 잠자리에서 일어났을 때

아침에 아이가 가족을 보면, 항상 "고마워요"라고 말하게 하자. "엄마가 있어서 고마워요", "아빠를 볼 수 있어서 고마워요", "동생이 예뻐서 고마워요."

🎙 식사를 할 때

식사를 하기 전에는 "감사합니다. 잘 먹겠습니다", 식사가 끝난 후에는 "잘 먹었습니다. 감사합니다"라고 말하게 하자. 또한 여러 사람의 수고를 통해 음식을 먹을 수 있게 되었다는 점을 잘 설명해 주어 모든 사람에게 감사한 마음을 갖도록 하자.

🎙 남에게 선물이나 도움을 받았을 때

부모와 어른에게 선물이나 도움을 받으면 반드시 "고맙습니다"라고 말하게 하자. 말로 표현해야 감사를 가슴 깊이 새기게 된다.

🔍 남에게 칭찬을 받았을 때

아이가 칭찬을 받으면 자칫 우쭐해질 수 있다. 이때 "감사합니다"
라는 말을 통해 겸손한 자세를 갖도록 유도하자.

🔍 잠자리에 들 때

매일 잠자리에 들 때도 감사로 마무리하도록 한다. 그날의 즐거운
일을 떠올리게 하고 "감사합니다"라고 말하게 하자. 아이는 편안한
마음으로 잠들 수 있으며, 또한 다음 날 아이는 활기차게 새로운 날
을 맞이한다.

리더십을 키워 주는
아빠의 말

엄마에게 의존하던 삶으로부터의 분리가 완료되고 타인과 접촉하는 데 관심이 증가하는 시기가 되면, 아이는 엄마와 여러 모로 다른 모습의 존재인 아빠에게 새삼 관심을 갖는다. 아이는 엄마가 아닌 최초의 타인 접촉자인 아빠를 통해 사회적 관계의 기초를 튼튼히 다지게 되므로, 이 시기에 엄마를 벗어나 아빠와 친밀해지는 것은 더없이 중요한 일이다.

《엄마가 모르는 아빠 효과》의 저자 소아신경과 전문의 김영훈의 말이다. 그에 따르면 아이가 점차 성장하면 사회성을 익히기 위해 아빠의 역할이 중요하다고 한다. 사실 엄마와 아빠는 성향이 다르다.

엄마가 감성적이고 공감적이라면 아빠는 이성적이고 냉철하다. 가령 아이가 뛰어놀다가 무릎을 다쳐서 피가 난다고 하자. 그러면 엄마는 아픈 아이의 감정에 초점을 맞추는 반면, 아빠는 어떻게 해서 다쳤는지의 정황을 파악하는 데 초점을 맞추는 경향이 있다. 이처럼 엄마와 다른 성향을 갖고 있는 아빠는 아이의 사회성 교육에 큰 역할을 한다.

보통 4~6세 사이에 아이의 사회성이 발달하기 시작하는데 이때 아빠가 아이에게 적극적으로 다가서야 한다. 아빠가 아이와 지속적인 교감과 접촉, 교류를 하면 아이는 사회성은 물론 리더십을 키울 수 있다. 아이는 또래 친구와 함께 원만한 관계를 맺으며 생활할 수 있고, 친구들을 잘 통솔할 수 있다.

아빠가 아이의 사회성, 리더십을 키우려면 아빠에 대한 엄마의 지원과 지지가 필요하다. 아빠로서의 권위가 있을 때 아빠가 아이의 사회성, 리더십 교육에 큰 역할을 하기 때문이다. 엄마가 늘 아빠에게 잔소리를 하거나, 엄마가 아빠와 반말로 말다툼을 자주 한다면 아빠로서의 권위가 떨어지게 되고 이에 따라 아이에게 미치는 아빠의 교육 효과가 사라지고 만다. 아이를 위해서라도 가정에서 아빠로서의 권위가 잘 세워져야 한다.

어떻게 하면 아빠의 권위가 바로 설까? 임영주의 《아이의 사회성 아빠가 키운다》에 따르면 엄마는 다음 5가지를 잘 준수해야 한다.

1. 아이 앞에서 아빠의 훌륭한 점 자주 언급하기

2. 아이 앞에서 아빠 비난하지 않기

3. 아이 앞에서 아빠의 집안에 대해 험담하지 않기

4. 아이 앞에서 아빠가 잘한 일 크게 부각하기

5. 아이 앞에서 엄마가 아빠를 얼마나 존경하는지 보여 주기

물론 이 5가지 사항은 결코 강요해서 될 일이 아니다. 부부의 화목한 관계 위에서 이 5가지가 엄마로부터 자연스럽게 나온다. 이 점을 잘 인식하고 아빠는 아이의 사회성, 리더십을 위해 엄마와의 동반자적 관계에 소홀하면 안 된다. 이렇게 해서 권위가 세워진 아빠는 아이에게 본격적으로 사회성, 리더십 교육을 할 수 있다.

아빠는 아이에게 어떻게 말을 하면 될까? 여기에서는 사회성을 토대로 한 아이의 리더십에 초점을 맞춘다. 리더십을 기르면 곧 사회성을 기르는 것과 마찬가지이기 때문이다. 아이의 리더십을 키워 주기 위해 아이에게 다음과 같이 말해 보자.

🏸 "아빠랑 함께 놀자"

아빠와 거친 몸싸움 놀이를 많이 한 아이가 유치원에서 인기가 많다. 또한 아빠와 목욕을 자주 한 아이가 사회성이 좋다. 따라서 아빠는 가능하면 아이와 스킨십 하는 시간을 자주 갖자. 이를 통해 아

이는 친구를 사귀고 친구와의 관계를 잘 유지할 수 있는 능력을 키운다.

🎾 "네가 결정해 볼래?"

아이가 혼자 어떤 일을 생각하고 계획하는 자기 주도성을 갖는 것은 매우 중요하다. 아빠는 아이에게 가족의 일상생활 가운데 작은 일부터 의사 결정 과정에 자녀를 참여시켜 자녀의 의견을 묻거나, 자녀의 수준에 맞는 일은 그 결정권을 자녀에게 부여함으로써 결정 능력을 길러 주도록 한다. 그러면 철부지로만 보였던 아이가 혼자 힘으로 생각하고 계획하는 것을 볼 수 있다.

🎾 "친구의 마음은 어떨까?"

이기적인 사람은 결코 리더가 될 수 없다. 자기만 아는 아이는 또래에게 왕따당하기 쉽다. 친구들의 마음을 잘 헤아릴 줄 아는 아이가 리더가 된다. 아빠는 아이에게 자기만 생각하지 말고 친구를 배려할 줄 알아야 한다고 늘 강조하자.

🎾 "여러 친구와 친하게 지내자"

친구와 잘 사귈 줄 알고, 또 친구가 많은 아이가 리더십이 높다. 다양한 성격의 아이들과 사귈 때 생기는 마찰이나 갈등을 슬기롭게 극복해 내기 때문이다. 한편으로 치우치지 않고 모든 친구들을 공평하게 대하도록 해야 한다. 그러기 위해선 아이가 친구와 어울릴 수 있는 기회를 많이 만들어 주도록 해야 한다.

🎤 "단체 활동을 해 보자"

아이의 리더십은 아이들과의 단체 활동을 할 때 급격히 신장된다. 여러 친구들과 함께 과제를 해결하는 과정에서 아이 속에 잠재된 리더십이 분출되기 때문이다. 내 아이에게 리더십을 키워 주고 싶다면, "단체 활동을 해 보자"라고 말하면서 다양한 단체 생활을 경험시켜 보자.

🎤 "네가 먼저 해 볼래?"

리더는 태어나는 것이 아니다. 아이 때 어떻게 하느냐에 따라 리더십이 생기기도 하고 리더십이 결여되기도 한다. 그러므로 기회가 닿는 대로 아이에게 또래 아이들 사이에서 앞장 서는 역할을 시켜 보자. 처음엔 어색해하지만 리더의 역할에 흥미가 생긴 아이는 점차 리더로 성장해 나간다. 아빠는 아이에게 "네가 먼저 해 봐", "앞장 서 볼래?"라고 말하는 데 결코 주저하면 안 된다.

역경지수가 높은 사람 만들기

집안이 나쁘다고 말하지 말라.

나는 아홉 살 때 아버지를 잃고 마을에서 쫓겨났다.

가난하다고 말하지 말라.

나는 들쥐를 잡아먹으며 연명했고, 목숨을 건 전쟁이

내 직업이고 내 일이었다.

배운 게 없다고 힘이 없다고 탓하지 말라.

나는 내 이름도 쓸 줄 몰랐으나 남의 말에 귀 기울이면서

현명해지는 법을 배웠다.

적은 밖에 있는 것이 아니라 내 안에 있었다.

나는 내게 거추장스러운 것은 깡그리 쓸어 버렸다.

나를 극복하는 그 순간 나는 칭기즈칸이 되었다.

세계를 제패한 칭기즈칸의 말이다. 그의 말을 보면, 그는 보통 사람으로서는 감당하기 힘든 난관을 겪었다. 대부분의 사람은 가난하고 배우지 못하면 현실에 주저앉기 마련이다. 그런데 그는 강한 용기로 시련을 극복해 세계적인 리더로 올라설 수 있었다. 이처럼 리더가 되기 위해서는 온갖 난관과 시련을 극복할 수 있는 용기가 매우 중요하다.

증기기관차의 발명가인 영국의 조지 스티븐슨은 탄광촌에서 태어나 집안이 매우 가난하여 학교도 제대로 다니지 못했다. 그러나 그는 결코 자신의 환경을 탓하거나 좌절하지 않았다. 그는 아버지와 함께 탄광에서 일하면서 어려움을 무릅쓰고 열심히 기계를 연구하여 마침내 세계 최초로 증기기관차를 만들어 인류의 문명을 한 단계 올려놓았다. 스티븐슨에게 뼈저린 가난이 없었다면, 그리고 그 가난을 극복하려는 강한 용기가 없었다면 '증기기관차의 아버지'라고 불리는 영광은 다른 사람의 차지가 되었을 것이다.

미국 전 대통령 버락 오바마도 그렇다. 흑인에 가난한 집안 출신이기에 늘 미국 사회의 변방에 머물러야 했다. 이 때문에 그는 한때 열등감에 시달렸다. 하지만 그는 강한 용기로 열등감을 극복해 미국 사회에 정상으로 우뚝 설 수 있었다.

세계적인 리더가 된 이들은 모두 공통적으로 좋은 환경에서 자라지 못했다. 오히려 이들은 자신의 꿈을 품지 못하고 꿈을 포기해야 하는 입장이었다. 그런데도 이들이 시련과 난관을 극복하고 리더가 될 수 있던 것은 바로 용기를 가졌기 때문이다. 어떤 역경에도 지지 않고 극복할 수 있다는 강한 용기가 이들에게 있었다.

미국의 커뮤니케이션 전문가 폴 스톨츠 박사는 말했다.

"21세기는 지능지수나 감성지수보다 역경지수가 높은 사람이 성공하는 시대다."

역경지수(AQ: Adversity Quotient)는 수많은 시련, 난관, 역경에 굴복하지 않고 이겨 내는 능력을 말한다. 이 역경지수에는 '용기'가 필수적이다. 세계적인 IT의 천재 스티브 잡스 역시 숱한 실패와 시련을 겪었지만 그것에 굴복하지 않는 용기를 갖고 있었다. 그는 자신이 설립한 애플에서 퇴출되기도 했고, 혁신적인 컴퓨터를 만들었지만 세상의 외면을 받기도 했다. 하지만 그는 도전을 멈추지 않았고 결국 한 세기의 획을 긋는 창조적인 리더가 될 수 있었다.

내 아이를 미래의 리더로 만들고 싶은가? 그렇다면 무엇보다 역경을 이겨 내는 용기를 아이에게 길러 줘야 한다. 유대인들은 아이가 진흙탕에 빠졌을 때 다가가서 일으켜 주지 않는다. 부모는 곁에서 아이가 용기를 갖고 난관을 극복하도록 격려한다. 그러면 절대 아이는 바닥에 엎어진 채 울고만 있지 않는다. 아이는 부모의 눈빛을 바라보면서 혼자 일어서려고 안간힘을 쓴다. 그러다가 결국 아이는 흙탕물 위에 두발로 서게 된다.

아이가 역경을 극복할 수 있는 용기를 기르려면 어떻게 하면 될까? 우선 아이가 혼자 해결할 수 있는 일을 대신 해 주는 자세를 버리자. 아이가 힘든 상황에 맞닥뜨렸을 때도 용기를 잃지 않고 그것을 극복할 수 있도록 가르쳐야 한다.

아이에게 역경 극복의 용기를 길러 주기 위해서 다음 4가지 말을 반복 강조해서 들려주자.

🎤 "한번 해 보자"

아이가 자라남에 따라 혼자 할 수 있는 일들이 늘어 간다. 이때 부모는 아이가 해낼 수 있을까 하는 염려나 조바심 대신 아이에게 도전해 보도록 격려한다. 처음에는 아이가 당황스러워할 수도 있다. 그렇지만 시간을 두고 하나씩 아이에게 어려운 과제를 부여해 보자. 점차 아이는 자신감을 갖고 어려운 과제에 도전하게 된다.

🎤 "실수해도 괜찮아"

실패의 경험은 결코 소모적인 것이 아니다. 실패의 경험을 통해, 용기를 갖고 남들이 하지 않는 모험을 시도할 수 있다. 내 아이가 실패, 시련을 경험하지 않으면 다른 사람들을 이끄는 리더가 되기 힘들다는 사실을 명심하자.

🎤 "너도 할 수 있어!"

온갖 역경을 용기로 극복한 세계적인 위인들의 이야기를 자주 읽게 하면 자신도 큰일을 해낼 수 있다는 용기를 갖게 된다.

🎤 "넌 커서 어떤 사람이 되고 싶니?"

아이가 인지능력을 갖출 때부터 꿈을 찾도록 도와주자. 현실성이 없어도, 다소 허무맹랑해도 괜찮다. 아이에게 꿈을 이루기 위해서 매사에 용기를 갖고 힘든 일을 극복해야 함을 깨닫게 하자.

오수향 교수의
부모 말하기 10계명

1. 수다쟁이가 되세요.

언어능력이 높은 아이가 똑똑하기 때문에 아이가 말을 잘하게 하려면 부모가 아이에게 많은 말을 들려주어야 합니다.

2. 아빠는 아이와 대화 시간을 많이 가지세요.

아이의 IQ와 사회성, 리더십을 키우는 데 아빠의 효과가 매우 크게 작용합니다.

3. 아이 말을 경청하고, 아이와 협상하고, 아이를 칭찬하세요.

타인과 잘 공감하고, 의사소통을 잘하는 자존감 높은 아이로 키우려면 부모로부터 경청과 협상을 잘 익혀야 하고, 또한 자주 칭찬받아야 합니다.

4. 아이의 질문에 성의껏 대답하세요.

아이는 질문하면서 사고력과 호기심, 창의성을 확장시키기 때문에 부모는 바쁘다는 핑계로 아이의 질문을 외면하면 안 됩니다.

5. 아이의 실수와 실패를 격려해 주세요.

창의적이며 리더십 높은 아이가 되려면 실수와 실패를 겪고 이겨 낼 수 있어야 합니다.

6. 아이와 돈에 대해 함께 이야기하세요.

어릴 때 경제 교육을 잘 받아야 경제 관념이 바로 서고 돈의 의미와 가치를 알게 됩니다.

7. 응원 메시지를 반복하세요.

아이는 부모의 응원을 먹고 자라는 나무입니다. 아이가 노력하는 모든 일을 응원하세요.

8. 일방적인 지시, 명령을 하지 마세요.

부모와의 수평적 대화를 통해 아이의 자발성과 도덕성이 자랍니다.

9. 밥상머리에서 대화를 하세요.

가족과 함께하는 식사 시간은 아이에게 예절과 인성을 가르칠 수 있는 좋은 기회입니다.

10. "사랑해", "고맙습니다"라는 말을 자주 해 주세요.

아이의 자존감과 도덕성을 키워 주는 강력한 말입니다.

고재학, 《부모라면 유대인처럼》, 예담friend

김경하, 《미국 8학군 페어팩스의 열성 부모들》, 사람in

이경화 외, 《우리 아이 영재로 기르기》, 학지사

서유헌, 《천재 아이를 원한다면 따뜻한 부모가 되라》, 문학과의식

윤여홍, 《지금 꼭 키워야 할 우리 아이 숨은 재능》, 명진출판

임미성, 《수학의 신 엄마가 만든다》, 동아일보

루스 보든, 《아이의 어휘 수를 늘리는 방법 26가지》, 웅진닷컴

EBS 〈다큐프라임〉 '언어 발달의 수수께끼' 제작팀, 《언어 발달의 수수께끼》, 지식너머

EBS 〈다큐프라임〉 '아이의 사생활' 제작팀, 《아이의 사생활 2》, 지식플러스

리처드 플레처, 《0~3세, 아빠 육아가 아이 미래를 결정한다》, 글담

신석규, 《프렌디 매뉴얼》, 베프북스

추이화팡, 리윈, 《부모대학》, 스타북스

다니엘 골먼, 《EQ 감성지능》, 웅진지식하우스

이시형, 《아이의 자기조절력》, 지식채널

오은영, 《못 참는 아이 욱하는 부모》, 코리아닷컴

김수연, 《0~5세 말걸기 육아의 힘》, 예담friend

장희정, 《언어 발달 지도》, 창지사

서천석, 《우리 아이 괜찮아요》, 예담friend

페트라 크란츠 린드그렌, 《스웨덴 엄마의 말하기 수업》, 북라이프

허영림, 《내 아이의 자신감 자존감》, 아주좋은날

폴 마틴, 《행복한 아이 만들기》, 민음사

조세핀 킴, 《우리 아이 자존감의 비밀》, BBBooks

메리 고든, 《공감의 뿌리》, 샨티

로랑 콩발베르, 《아이와 협상하라!》, 나너우리

신의진, 《현명한 부모가 꼭 알아야 할 대화법》, 걷는나무

신의진, 《신의진의 초등학생 심리백과》, 갤리온

이명경, 《최고의 자리에 서게 하려면 집중력을 키워 줘라》, 명진출판

토머스 고든, 《부모 역할 훈련》, 양철북

앤서니 에솔렌, 《우리 아이의 상상력 죽이기》, 학지사

문정화, 《내 아이를 위한 창의성 코칭》, 아이비하우스

엘리사 메더스, 《스스로 생각하고 행동하는 아이로 키우는 노하우 7가지》, 한문화

양빙, 《내 아이의 미래를 좌우하는 황금법칙》, 시그마북스

김영훈, 《두뇌 성격이 아이 인생을 결정한다》, 이다미디어

문용린, 《지력혁명》, 비즈니스북스

KBS 2TV 〈경제 비타민〉 제작팀, 《경제 비타민 1》, 크리스타

로버트 기요사키, 도널드 트럼프, 《기요사키와 트럼프의 부자》, 리더스북

박원배, 《행복한 부자로 키우는 우리 아이 경제 교육》, 북스캔

공병호, 《10년 후 성공하는 아이, 이렇게 키워라》, 주니어김영사

바바라 케틀 뢰머, 《초등 1학년 경제교육을 시작할 나이》, 카시오페아

이정은, 《우리 아리 나쁜 버릇 바로잡기》, 김영사

엘렌 웨버 리비, 《페이버릿 차일드》, 동아일보사

킴 존 페인, 《내 아이를 망치는 과잉육아》, 아침나무

월터 아이작슨, 《이노베이터》, 오픈하우스

로버트 콜스, 《도덕지능 MQ》, 해냄

미셸 보바, 《도덕지능》, 한언

임영주, 《존댓말의 힘》, 예담friend

〈SBS 스페셜〉 제작팀, 《화내는 당신에게》, 위즈덤하우스

존 로크, 《미래를 위한 자녀 교육》, 양서원

문용린, 《부모가 아이에게 물려주어야 할 최고의 유산》, 리더스북

데일 카네기, 《데일 카네기 자기관리론》, 리베르

존 디마티니, 《감사의 효과》, 비전코리아

김영훈, 《엄마가 모르는 아빠 효과》, 베가북스
임영주, 《아이의 사회성 아빠가 키운다》, 노란우산

잡지, 사이트, 카페, 블로그

키즈맘 https://kizmom.hankyung.com/
허그맘 http://hugmom.tistory.com/
리드맘 http://www.leadmom.com/
멀리맘 http://blog.naver.com/meorlymom/220820992094
베이비조선 베이비앤 http://m.post.naver.com/my.nhn?memberNo=30491464
서울교육 http://m.post.naver.com/my.nhn?memberNo=511714
베이비뉴스 http://m.post.naver.com/my.nhn?memberNo=22718804
학부모on누리 http://blog.naver.com/nile_parents
해피해피 하우스 http://momstalk.me/
맘&앙팡 http://enfant.designhouse.co.kr/
앙쥬 https://www.ange.co.kr/main
베스트베이비 http://www.smlounge.co.kr/best
위민넷 http://www.women.go.kr/
미즈코치 www.mscoach.com
한국방과후교육진흥원 http://m.post.naver.com/my.nhn?memberNo=33432037
건강가정지원센터 http://www.familynet.or.kr/index.jsp
한국메사연구소 http://www.nowmesa.org/
웰스매니지먼트 http://www.wealthm.co.kr/
닥터로로 http://blog.naver.com/drlolo
삼성화재 맘쏙케어 http://m.post.naver.com/my.nhn?memberNo=679116
교육부 http://www.moe.go.kr/
여성가족부 가족사랑 http://blog.naver.com/mogefkorea/220694118229
ZERO TO THREE https://www.zerotothree.org/

'말의 힘'으로 키우는 대화 육아

1판 1쇄 2017년 4월 20일 발행
1판 3쇄 2019년 2월 1일 발행

지은이·오수향
펴낸이·김정주
펴낸곳·㈜대성 Korea.com
본부장·김은경
기획편집·이향숙, 김현경, 양지애
디자인·문 용
영업마케팅·조남웅
경영지원·장현석, 박은하

출판기획·스토리텔링공작소

등록·제300-2003-82호
주소·서울시 용산구 후암로 57길 57 (동자동) ㈜대성
대표전화·(02) 6959-3140 | 팩스·(02) 6959-3144
홈페이지·www.daesungbook.com | 전자우편·daesungbooks@korea.com

ⓒ 오수향, 2017
ISBN 978-89-97396-74-0 (13590)
이 책의 가격은 뒤표지에 있습니다.

이 도서의 국립중앙도서관 출판시도서목록(CIP)은 e-CIP홈페이지(http://www.nl.go.kr/ecip)와 국가자료공동목록시스템(http://www.nl.go.kr/kolisnet)에서 이용하실 수 있습니다.(CIP제어번호: CIP2017008501)